デジタルテレビ技術入門

高田　豊・浅見　聡　著

米田出版

はじめに

　動画像をデジタル量に変換する計算を少し行っただけで、そのデータ量のあまりの莫大さに愕然とさせられる。そのために、しばらく前まではテレビをデジタル化すること自体が、送信側でも、受信側にとっても、著しく不経済であり、かつ電波資源も浪費するものと考えられてきた。これはとりもなおさず、旧来のアナログ方式からデジタル方式に転換することは、あり得たとしても、かなり先の将来であるということであった。しかし、1990年代をはさんで、これらの考えを覆す数々の開発成果が次々に発表された。

　最初にテレビのデジタル化の可能性を彷彿させたのは、静止画像のデータ量削減の手段としての、JPEG（Joint Photographic Expert Group）の開発であった。JPEGによれば、静止画像のデータ量を優に一桁下げることができ、早速、静止画ファイル装置やインターネット伝送などに、取り入れられた。また、その後、普及し始めたデジタルカメラもJPEGの開発抜きでは考えられなかった製品であろう。

　JPEGには、種々の数学的理論を電子技術に展開した技術が用いられているが、その中で最も重要な技術はフーリエ変換である。フーリエ変換は、18世紀フランスの数学者フーリエが編み出した古典的な原理であるが、それまでは、実験室でアナログ波形の調波解析などに使われるレベルに留まっていた。2世紀半後の今日、この数学的な体系が家庭用電子製品にまで広く使われ、花を咲かせるとは、誰が想像し得たであろうか。

　JPEGは、その後、MPEG（Moving Pictures Expert Group）による動画像のデータ量削減手段に発展した。このMPEGと、一足先に実用化が始まっていた音声のデータ圧縮技術や、通信系のデジタル変・復調技術および誤り訂正技術などの開発があいまって、ついに、アナログテレビ放送に比べて、優るとも劣らない経済性や資源有効性をもつ、デジタル化されたテレビ放送が現実のものとして語られるようになった。

はじめに

　これらのデジタル技術の実用化にあたって、欠かすことのできないのは、LSIの大規模化や廉価化である。半導体技術の長足の進歩は、デジタル伝送に必要なデジタル信号処理を行う、少々規模が大きなシステムでもワンチップに収納するという、SOC（System On Chip）化を可能にしてきた。

　日本でのデジタルテレビ放送は、1996年からのCSデジタル放送が皮切りであった。CSデジタル放送では、テレビ放送だけではなく、音声放送やデータ放送も同時に、全く同じ放送インフラを用いて効率的に行われている。筆者らもCS放送業界に勤務していたが、これらマルチメディア的な放送の技術的実績は、多彩な魅力あるデジタルサービスが展開可能なことを思わせ、放送に改革をもたらすものと信じられた。

　2000年12月には、BSアナログ放送と並存する形でBSデジタル放送がまず、開始された。次にはBSと同軌道の衛星からの110度CSデジタル放送や地上デジタル放送が始まる。これらの放送では、デジタルハイビジョン放送と併せて、音声放送やデータ放送も含めたマルチメディア型の放送が行われる。また、既存の放送メディアに伍して、バンキングやショッピングなどの双方向サービスを、データ領域を用いて行うデータ専門放送も新たに参加している。これらの放送サービスは、一方では、ネットワークの高速化により、さらに高度化され動画伝送を可能にした、インターネット放送（Website Broadcasting）などの脅威にもさらされながら、過去には考え及ばなかった高度のサービスを家庭に届けるであろうと期待されている。

　本書は、デジタルテレビ技術を説明するにあたり、専門書にあり勝ちな数式を多く並べた説明の代わりに、なるべく図を多用したわかりやすい説明を試みた。読者の方々の理解の一助になれば幸いである。本書の執筆にあたり、種々ご教授いただいた諸氏には、深く感謝申し上げる次第である。

2001年10月

著者

目 次

はじめに

第1章　本格的デジタルテレビ放送の時代へ …………………… 1
1.1　デジタル衛星放送　2
　1.1.1　日本の衛星放送のスタートまで　2
　1.1.2　デジタル衛星放送はCSから始まった　4
　1.1.3　BSデジタル放送が開始された　6
　1.1.4　東経110度CS放送への期待　10
　1.1.5　番組をハードディスクに記録するサーバー型放送　12
　1.1.6　BSデジタル放送の展開　15
1.2　地上デジタル放送　16
　1.2.1　地上放送も2003年からデジタル化される　16
　1.2.2　地上デジタル放送の放送規格とサービス　19
1.3　世界のデジタル放送　21
　1.3.1　米国のデジタルテレビ放送　21
　1.3.2　欧州におけるデジタルテレビ放送　22

第2章　動画像のデータ量を圧縮する－高能率符号化技術－ ……… 25
2.1　いろいろなテレビ画面の方式　26
　2.1.1　画面を構成する画素の数とデータ量　26
　2.1.2　動画の2種類の走査方式…順次走査と飛び越し走査　27
　2.1.3　色信号の取り扱い　29
　2.1.4　BSデジタル放送と地上デジタル放送での画面規格　29
2.2　画像のデータ量圧縮に役立つフーリエ変換　30
　2.2.1　音声や画像の高能率符号化の歴史　30
　2.2.2　フーリエ変換とは　31
2.3　MPEGによる高能率符号化　33

- 2.3.1 画素数と画素ブロック　*33*
- 2.3.2 フーリエ変換から DCT へ　*34*
- 2.3.3 色差信号の画素ブロックの構成　*35*
- 2.3.4 画像に離散コサイン変換（DCT）を適用する　*35*
- 2.3.5 離散コサイン変換演算の実際　*37*
- 2.3.6 簡単な画像での離散コサイン変換の例　*40*
- 2.3.7 得られた離散コサイン変換係数に重みを付ける　*42*
- 2.3.8 可変長符号化　*44*
- 2.3.9 動画のデータ量を減ずるには　*45*
- 2.3.10 デジタルテレビの画面規格と MPEG のレベル、プロファイル　*48*

第3章　デジタル信号を電波に載せる－デジタル変・復調技術－……*51*

- 3.1 デジタル信号を遠方に届ける変調技術　*52*
  - 3.1.1 ベーシックな変調方式…AM 変調　*52*
  - 3.1.2 FM 変調の利点を引き継いだ PSK 変調　*53*
  - 3.1.3 PSK 変調の実際　*56*
  - 3.1.4 前のデータとの増減により、搬送波の位相を変化させる DPSK 変調　*57*
  - 3.1.5 互いに 90 度ずれた搬送波による QAM 変調　*59*
- 3.2 新しい多重変調方式…OFDM　*62*
  - 3.2.1 OFDM とは　*62*
  - 3.2.2 周波数変換された OFDM 波　*65*
  - 3.2.3 ゴースト妨害にも強い OFDM　*67*
  - 3.2.4 BST-OFDM には、テレビ以外のいろいろなメディアが多重できる　*68*
  - 3.2.5 同一チャンネルの近接置局が可能な SFN　*69*
  - 3.2.6 OFDM 搬送波の生成　*71*
  - 3.2.7 日本の地上デジタル放送での OFDM　*72*

第4章　伝送中のデータ誤りを修復する－誤り訂正技術－…………*75*

- 4.1 ひとかたまりのデータ単位で誤りを訂正する　*76*
  - 4.1.1 アナログ放送とデジタル放送では、どちらがノイズに強いか　*76*
  - 4.1.2 データの合計を割り切れる数にする　*77*
  - 4.1.3 誤り訂正に使ういっぷう変わった数学　*77*
  - 4.1.4 誤りを検知するためのチェックワードをつくる　*81*
  - 4.1.5 1ワードの誤りを訂正可能にする　*82*

4.1.6　2ワードのデータ誤りを訂正する　*85*
　　4.1.7　実際にデジタルテレビで使われているリード・ソロモン符号　*90*
　4.2　データの続き具合で誤りを訂正する畳み込み符号　*91*
　　4.2.1　データをフレーム状に並べる　*91*
　　4.2.2　畳み込み符号とは　*92*
　　4.2.3　畳み込み符号のいろいろ　*96*
　　4.2.4　デジタル放送で実際に使われる畳み込み符号　*97*
　4.3　エネルギー拡散とインターリーブ　*99*
　　4.3.1　エネルギー拡散　*99*
　　4.3.2　CSデジタル放送におけるフレーム構成とインターリーブ　*100*
　　4.3.3　BSデジタル放送の場合のスーパーフレームとインターリーブ　*102*
　　4.3.4　地上デジタル放送のインターリーブとOFDMフレーム　*104*

第5章　音声の高能率符号化とパケット伝送 …………………… *111*

　5.1　音声の高能率符号化　*112*
　　5.1.1　音声のデータ量は無視できないほど多い　*112*
　　5.1.2　人が可聴できるレベルの音だけをデータ化する　*113*
　　5.1.3　音声データを長短のウインドウを用いブロック化する　*115*
　　5.1.4　MDCTで周波数領域のデータに変換する　*117*
　　5.1.5　M/Sステレオとインテンシティ・ステレオ　*119*
　　5.1.6　MPEG-2 AACの処理フローと使われている要素技術　*120*
　　5.1.7　5.1チャンネルのサラウンド音響　*122*
　　5.1.8　MPEG-2 AACのプロファイルと日本のデジタル放送規格　*123*
　5.2　パケット伝送　*124*
　　5.2.1　パケット伝送とは　*124*
　　5.2.2　MPEG-2規格などで規定されたTSパケット　*125*
　　5.2.3　ESパケットとPESパケット　*127*

第6章　放送での暗号利用とデータ放送 …………………… *129*

　6.1　デジタル放送中の暗号利用システム　*130*
　　6.1.1　有料衛星放送のかなめとしての限定受信システム　*130*
　　6.1.2　IEEE1394バスおよびD端子　*132*
　　6.1.3　コピープロテクションの仕組み　*134*
　6.2　データ放送とBML言語　*137*

6.2.1　データ放送とは　*137*
　6.2.2　BSデジタル放送でのデータ放送の仕組み　*139*
　6.2.3　画面作成に用いられるBML言語　*140*
　6.2.4　BMLによる簡単なサンプルプログラム　*143*

第7章　デジタル放送の送信 ………………………………… *145*

7.1　送信と受信の流れ　*146*
7.2　送出設備の構成　*147*
7.3　トランスポート・ストリーム　*149*
　7.3.1　TSパケットとエレメンタリー・ストリーム　*150*
　7.3.2　TSパケットの構造　*151*
　7.3.3　PES　*153*
　7.3.4　セクション形式　*155*
7.4　PSI/SI信号とその送出　*156*
　7.4.1　PSI/SI信号の各テーブル　*157*
　7.4.2　BSデジタル放送のSI運用　*159*
7.5　データ放送の送出　*161*
　7.5.1　DSM-CCデータカルーセル伝送方式　*161*
　7.5.2　データ放送の送出設備　*163*
7.6　限定受信方式　*164*
7.7　伝送路符号化と信号の送出　*166*
　7.7.1　伝送路符号化方式　*166*
　7.7.2　BSのアップリンク設備　*167*
　7.7.3　地上デジタル放送の送信処理　*168*

第8章　デジタル放送の受信 ………………………………… *171*

8.1　受信機の種類　*172*
8.2　受信機の基本機能　*172*
8.3　受信から提示までの流れ　*174*
8.4　受信機の選局動作　*178*
8.5　信号の同期再生　*181*
　8.5.1　同期信号　*181*
　8.5.2　同期再生　*183*

8.6　EPG　*184*

8.7　マンション共聴とCATVによる受信　*185*
　　8.7.1　マンション共聴　*185*
　　8.7.2　デジタルテレビ放送のCATV伝送　*187*

付録 ……………………………………………………………………… *191*

付録1　BSデジタル放送の委託放送事業者一覧　*192*

付録2　110度CS放送の委託放送事業者とプラットフォーム一覧　*193*

付録3　主要地上デジタル放送局チャンネル表　*194*

付録4　デジタル放送規格一覧表　*200*

参考文献　*203*

事項索引　*205*

第 1 章

本格的デジタルテレビ放送の時代へ

　テレビ放送が開始されてから 50 年あまりの歴史の中で、その発展を支えてきたのは、アナログテレビ技術だった。1960 年代後半から、テレビ受信機でも応用が始まった半導体は、メモリーを例にとっても、1970 年頃にはわずか 1 キロビットの規模だったものが、現在では、256 メガビットと 25 万倍以上の規模のものが安価に利用できるようになった。この LSI 技術の進展を踏まえて、21 世紀の情報化社会の一翼を担うべく登場したのが、デジタルテレビである。デジタル化への切り替えは、いろいろな痛みを伴うものであろうが、デジタルテレビは、アナログの時代では実現し得なかった多彩なサービスを提供し、インターネットによる動画伝送と並んで、21 世紀の生活に密着したものとなろう。

　2000 年 10 月 7 日に、ギアナ宇宙センターから、ロッキードマーチン社の A2100AX 衛星が打ち上げられた。この衛星は、宇宙通信と JSAT の 2 社が共同保有するものであり、東経 110 度の軌道位置から、BS デジタル放送と同様な CS 放送を行うための、12 本のトランスポンダを搭載している。放送は 2002 年春に予定され、BS デジタル放送とあいまって、幅広い番組をお茶の間に提供するであろう。

1.1 デジタル衛星放送

1.1.1 日本の衛星放送のスタートまで

アナログ衛星放送が日本で開始されたのは、世界的にみても早い 1989 年からである。当初は衛星に搭載された**トランスポンダ**（Transponder：中継器）の故障などで、放送の持続すら危ぶまれる事態にも見舞われたが、衛星自体も数世代を経て、いまでは十分に安定するに至り、NHK の 2 チャンネルと、民放が出資した最初の有料放送局である WOWOW の 3 チャンネルの衛星テレビや、セントギガなどの音楽ラジオ局などが、徐々にではあるが加入者を増してきている。後になってハイビジョンの専用チャンネルも増設された。

これらの衛星放送は、地上から 14 ギガヘルツ帯の電波で送信された放送信号を 12 ギガヘルツ帯にトランスポンダで変換し、増幅して地上に送り返すことで行われる。使われているチャンネルは、中心周波数が 11.80420 ギガヘルツから 11.91928 ギガヘルツの間の約 38 メガヘルツ置きに配列された 5、7、9 および 11 の 4 個の奇数チャンネルである。これらの周波数配列を示したのが図 1.1 である。

電磁波である電波が進んでいく際に、その電界と磁界が一定方向を向いている**直線偏波**といわれるものと、時間とともに旋回していく**円偏波**がある。直線偏波には**垂直偏波**と**水平偏波**の、同じ周波数で別の情報を送信しても、受信アンテナで区別して受信可能であり混信の心配がない、すなわち直交性をもつ 2 種類がある。円偏波の場合も同様に、直交性をもつ**右旋偏波**と**左旋偏波**の 2 種類があり、日本の BS（Broadcasting Satellite：放送衛星）放送に対しては、図 1.1 の上側に記した右旋偏波が国際的に認められている。なお、偶数の左旋偏波のチャンネルは、韓国が、その使用権を認められている。

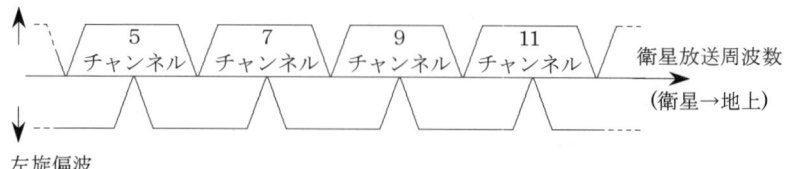

図 1.1　BS チャンネルの周波数配列

第1章　本格的デジタルテレビ放送の時代へ

　放送衛星は、地球の自転と同じ角速度で赤道の3万6千キロメートル上空を回転しているので、地球上からは静止して見える。したがってアンテナの向きは固定できる。衛星放送の利点は、宇宙から降り注ぐ電波であるから、海に隔てられた離島でも、山間の僻地でも、午後2時頃の太陽が直視できる場所であれば受信できることである。ただし、好ましいことか好ましくないかに関係なく、放送内容が全国一律であることは、衛星放送の性格上から仕方ないことである。これを許容すれば、在来の地上放送より比較的低コストで、全国をサービスエリアにした放送が可能である。

　BS放送では、従来にはなかった新しい課題が発生する。そのひとつは、地表から衛星に、また衛星から地表まで電波が往復する時間が、従来の地上放送に比べて数百倍以上の時間がかかることによる伝播の遅れが、無視できなくなることである。この対策として、受信する時間を基準に、送信を早めに行うように運用することにより対処されている。衛星放送のもつ欠点としては、これだけの長距離を経由する電波であり、また、かなり光に近い高周波なので、送信アンテナのある地上局の周辺や、受信地点のどちらかで、激しい降雨があると電波が雨滴に遮られ、ときには、全画面がノイズに覆われたり、何も見えなくなるほどの減衰を受けてしまうことである。

　BS放送局の中で、WOWOWは有料放送局であり、いままでの放送の概念にはなかった**限定受信**（CA：Conditional Access）と呼ばれる、未加入の場合には画面も音声もスクランブルされて、一面の縞模様しか見れないか、画面全体が真っ黒になる手段が初めて適用された。もちろん加入した際には、衛星を通じて送信される鍵により、スクランブルが解けて正常な画像や音声が得られる。衛星放送では、いままでの地上放送とは違った放送事業者免許に関する制度が始まった。かつての放送局は、ハードウェアとしての送信設備を保有し、かつ、ソフトウェアとしての放送番組も同一事業体内で制作していたが、衛星放送では、ハードウェアとソフトウェアの分離が図られた。受信者が直接、番組を通じて相対する放送局は、新制度では**委託放送事業者**に分類される。これに対して送信設備をもち、電波を発射する免許をもつ事業者は、**受託放送事業者**と呼ばれている。BS放送の受託放送事業者は、1993年に設立された放送衛星システム（B-SAT）であり、BSそのものの管制などのメインテナンスも合わせて担当している。

1.1.2 デジタル衛星放送は CS から始まった

CS（Communication Satellite：通信衛星）アナログ放送も 1989 年に開始された。これは 2 つの別々の衛星を使い、異なった限定受信を用いていたので、その名称から名付けられたスカイポートグループとコアテックグループがそれぞれ数チャンネルの放送を行っていた。このときの委託放送事業者としては、CNN、NNN24 などのニュース専門局や、スターチャンネルやチャンネル NECO などの映画専門局があり、これらの局は、現在ではデジタル放送に移行している。

日本での放送のデジタル化は CS 放送が先鞭をつけた。1996 年のことであった。このデジタル放送局は 200 チャンネルを超えるテレビやラジオ番組が集まったものであり、その運営にあたっていたのはパーフェク TV である。同局はその後、同業者のスカイ TV と合併してスカイパーフェク TV となり、さらに、競合していたディレク TV をも吸収して現在に至っている。なおスカイパーフェク TV は、国の免許を受ける必要がある委託放送事業者でも、受託放送事業者でもなく、多くの番組を制作する委託放送事業者（番組供給業者ともいう）をとりまとめて、チャンネル編成や加入者との対面業務、また送信に至るまでのデジタル信号処理などに特化された中間的放送業務を行うものであり、**プラットフォーム**と称されている。

スカイパーフェク TV は、図 1.2 のように、天球の赤道上の東経 124 度と 128 度に位置する 2 基の CS の帯域幅 27 メガヘルツのトランスポンダを 40 本弱用いて、約 170 チャンネルのテレビと、100 チャンネル以上のラジオ番組の放送

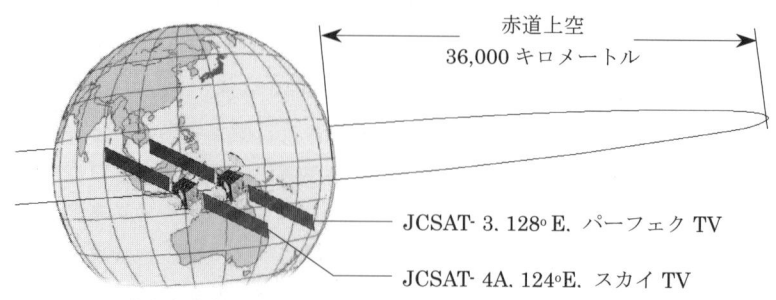

図 1.2　スカイパーフェク TV が使用している衛星

を実施中である。BS アナログ放送の場合は、1 トランスポンダあたり 1 チャンネルの放送が限界であったが、スカイパーフェク TV の場合、平均してひとつのトランスポンダで 4 チャンネル以上のテレビ番組が送信されており、最大 7 チャンネルまでの送信も可能だという。放送のデジタル化の利点のひとつはこのように、多チャンネル化が可能なことにある。

BS と CS の区分があるのは世界でも珍しい日本独自の制度である。放送が始まった頃には、トランスポンダの出力が BS が 100 ワット以上なのに対して、CS では 30 ワット前後と送信電力に大差があった。しかし、現在では CS の大電力化が進んでおり、両者の送信電力の差は縮まってきている。また、偏波面も BS の円偏波に対して CS は直線偏波であり、トランスポンダの帯域幅などにも差があった。BS と CS の厳然たる法規上の区分があるのは、送信周波数である。図 1.3 のように、12.2 ギガヘルツを境界にしてそれより下が BS、上の周波数が CS に決められている。これらの違いのため、個別の家庭で受信する場合、BS アンテナと CS アンテナは、たとえ衛星の向きを合わせたとしても共用は不可能であり、それぞれの専用のものを購入するか、両者が合わさった複合アンテナを準備する必要があった。また、CS チューナーも、BS とは放送規格が異なるため、専用のチューナーを購入する必要もあった。

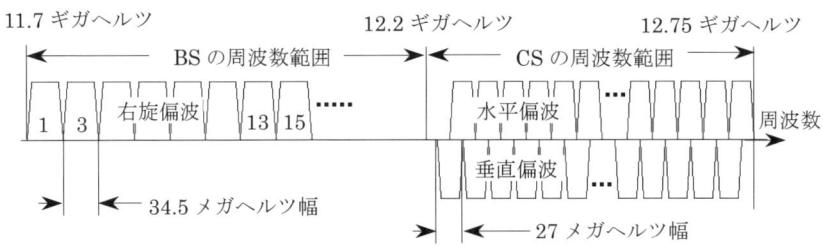

図 1.3　BS と CS の周波数配列上の違い

日本のデジタルテレビの放送規格づくりには、世界的にみて、若干の遅れがあった。理由はいろいろであろうが、それ以前からの課題であったアナログハイビジョンの推進に、頭脳も手足も忙殺されていたためかも知れない。一方、欧州はデジタル放送の規格づくりに熱心であり、国際的な規格化グループであった DVB（Digital Video Broadcasting）グループを組織して、幅広いデジタル

テレビの規格の制定を進めていた。日本では、CS デジタル放送規格を制定するにあたり、DVB-S 規格（DVB-Satellite：デジタル衛星放送規格）の大部分をそのまま受け入れ、日本のオリジナリティを発揮できるのは、BS デジタル放送規格以降にもち越された。

　スカイパーフェク TV のような多チャンネルの CS 放送では、全チャンネル番組表を新聞などに掲載するのも大変であり、代わって視聴者が番組の選択を容易にし、番組の詳細を知り得るように EPG（Electronic Program Guide：電子番組案内）と呼ばれる、独自の番組一覧表をデータ形式で送出している。また、アナログ時代には、多くはアダプター形式であった限定受信が IC カード形式に改められた。現在 CS チューナーを購入すると、この IC カードが付属されており、これをカードスロットに挿入した上で、カードに書かれた番号を添えてスカイパーフェク TV に申し込むと、契約したチャンネルのスクランブルが解除されるような仕組みになっている。これらの EPG や限定受信は、以降のデジタル放送がマルチメディア化されていくにつれ、これらでも取り入れられることになった。

1.1.3　BS デジタル放送が開始された

　BS デジタル放送が 2000 年 12 月に、ついに開始された。BS デジタル放送は、B-SAT を唯一の受託放送事業者として、従来の BS 放送に加えて、地上放送の全キー局を設立母体にした新会社と、新たにスターチャンネルがテレビの委託放送事業者として加わった。また、デジタルラジオが 10 社の 23 チャンネ

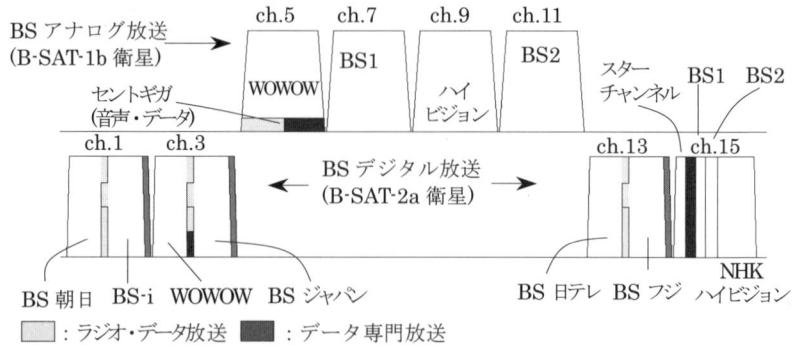

図 1.4　BS のチャンネル配列

ルに、データ放送もテレビ兼業の会社以外に専業の8社が加わり、19社に拡充された。これらのチャンネル配置を示したのが図1.4である。BSアナログチャンネルとBSデジタルチャンネルとは、衛星を分けてサービスされており、アナログ放送は、1997年に打ち上げられたB-SAT-1a（予備衛星はB-SAT-1b）から行われている。一方のデジタル放送は、放送開始の数ヶ月前に打ち上げられ、無事に軌道に乗ったB-SAT-2aを用いて放送されている。B-SAT-2aの予備衛星にあたるB-SAT-2bは不幸にして、打ち上げに失敗してしまった。

　BSアナログ放送は、B-SAT-1の設計寿命が尽きる2007年頃までは少なくとも、デジタル放送との同時放送が予定されている。なお、図中のチャンネル番号は衛星のトランスポンダに対応する物理的なチャンネルであり、実際にBSデジタルチャンネルを選局する場合には、3桁の仮想チャンネル番号か、簡便のため設けられた1から10までのワンタッチ選局ボタンを操作して、チャンネル選局が可能である。たとえばBS朝日をみたいときには、ch.151と選局するか、ワンタッチ選局ボタンの"5"を操作すればよい。デジタル放送の場合には、このようなチャンネルの読み替えを行うのが常識になっている。

　図1.4をみると、ひとつのトランスポンダに複数のテレビ局やラジオ局などが相乗りしていることがわかる。BSデジタル放送では、34.5メガヘルツ幅の1本のトランスポンダで、約51メガビット/秒の高速データ伝送が可能であり、この速度はハイビジョンの2チャンネル、あるいは標準テレビの6チャンネルを送信するのに十分なスピードである。したがって、この伝送量を図1.5のように、48個のスロットに分け、うち22スロット（音声などの分を含めると22.5

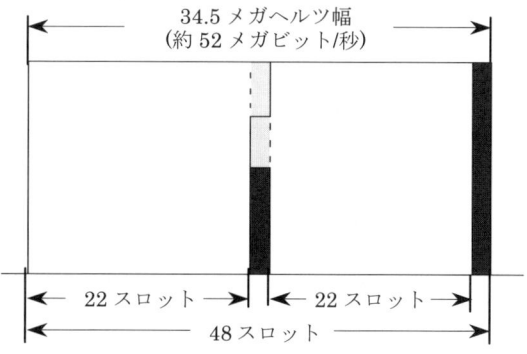

図1.5　1チャンネルの伝送量を48スロットに分ける

スロット)をひとつのテレビ局に配分している。残る濃い部分の3スロットで、データ放送局やデジタルラジオ局の新設が可能である。これらの局は、1本のトランスポンダの伝送量をシェアすることになる。

　図1.5では、あたかも伝送量分けが、周波数により配分されているようにみえるがそうではない。物理的な1チャンネルに例をとると、BS朝日とBS·iがそれぞれ22.5スロットを割り当てられ、残りの3スロットのデータ放送枠を、デジタルキャストインターナショナルと日本メディアアークが1.5スロットずつの配分率で、データ量を割り当てられている。

　トランスポンダのうち、15チャンネルだけは、他のチャンネルと違った割り当てがなされている。ここでは、NHKハイビジョンが22スロットを配分された残りは、既存のBS1とBS2がそれぞれ6スロットと8スロットを割り当てられている。BS1とBS2は現行のアナログ放送と同時放送である。残る6スロットはスターチャンネルが新規に割り当てを受けた。既存のWOWOW局も、ここで6スロットを同時放送用として権利を手にしていたが、これとは別に、3チャンネルに22.5スロットをもらっているために辞退している。

　すべてのBSデジタルチャンネルの送信は、BSアナログと同じく、受託放送事業者である放送衛星システム（B-SAT）が行っている。BSデジタル放送を各家庭で個別に受信する場合、BSデジタルチューナーか内蔵テレビのいずれかを買い増す必要があるが、この際、BSアンテナを交換することは必ずしも必要でなく、アンテナの向きを再調整することも不要であるが、ハイビジョン番組をみるためにはひとまわり大きな専用アンテナの設置が推奨されている。ケーブルテレビやマンション共聴の場合には、いろいろなシステムがあるので、事前の下調べが大切になる。

　BSデジタルに進出した地上のネット局のチャンネルは、在来どおりの広告料による経営のため無料で視聴できるが、その他の局は視聴料あるいは加入料が必要である。このために**B-CASカード**と呼ばれるICカードを使った限定受信システムが取り入れられている。B-CASは松下電器と東芝などが開発したシステムであり、BSデジタル放送用に採用された。ICカードには4桁5ブロックの番号が付けられており、これがカスタマーIDになる。ICカードの管理は、この目的のため設置されたビーエス・コンディショナルアクセス・システムズ（略称B-CAS）が行う。NHKとの受信契約は、このB-CASが窓口になる。

第1章 本格的デジタルテレビ放送の時代へ

図 1.6　B-CAS カード

　WOWOW やスターチャンネルの場合には、それぞれのカスタマーセンターに申し込む。これらの有料チャンネルは、スクランブルが掛けられており、未契約だと画面がブラックアウトされて視聴できない。NHK の場合は、スクランブルされていないので、BS チューナーの設置直後からの視聴は可能であるが、1 ヶ月後からは CAS の EMM (Entitlement Management Message) と呼ばれるメッセージ機能を使った、受信契約を促す文面が、画面に 15 分ほど表示されることになる。

　デジタル CS 放送で、多くのチャンネルの中から見たいチャンネルを探し出すのに不可欠であった電子番組案内（EPG）は、BS デジタル放送でも放送されている。この EPG には各局 EPG と全局 EPG の 2 種類があり、各局 EPG は、各局に割り当てられたスロットの範囲内で、思い思いの番組紹介などが行われている。BS デジタル各局の番組表データが集められた、全局 EPG は、B-SAT が編成して送信している。視聴者は、この EPG 画面からでも選局することができる。

　BS デジタル放送では、アナログ放送時代には少ないスペースしか備えられていなかったデータ放送の領域が、かなり広く確保されている。この一部は前述の EPG に使われるが、その他にも、放送中のテレビ番組に関連した詳細な情報をデータで送ったり、最新のニュースや天気予報などを常時提示することができる。NHK では、このようなサービスを ISDB（統合デジタル放送：Integrated Services Digital Broadcasting）といい、BS デジタル放送で送出する分は ISDB-S と称している。テレビ局が兼業するデータ放送とは別に、データ専門の放送事業者も加わり、ショッピング、バンキングや株などの各種の生活関連情報やエンターテイメント番組など多彩なプログラムが送られている。

　BS デジタル放送には、その他にもいままでになかった機能が盛り込まれて

いる。そのひとつが緊急警報放送である。緊急警報放送は、受信機の電源がスタンバイの状態にあれば、電源を自動的にオンし、チャンネルもこれが放送されているチャンネルに切り替えて、確実に危険を伝えられるように考慮されている。BS 放送はその性格上、同時に全国に電波が届くようになっているが、災害が予期される地域のみに限定した通報形態がとれるように、地域コードがあらかじめ設定されている。

BS デジタル放送の有料チャンネルを受信するために設けられた B-CAS の機能を発揮するためには、受信機を電話線に接続しておくことが要求される。また、アンテナも含めて受信機の一部分の電源を切らないでおく必要もあるが、このための待機電力は環境問題からは、決して好ましいものではない。BS デジタル放送では、局側で受信機の有料視聴データなどを集めるのに必要な時間だけ、タイマーで電源を入れられるようにタイマー情報を B-CAS のメッセージ機能を使って送信することができる。

1.1.4 東経 110 度 CS 放送への期待

ボルネオ島上空の、天球における赤道上の東経 110 度付近には、B-SAT-1a、B-SAT-1b、B-SAT-2a や BS-3N などの予備機も含む現用の BS が、図 1.7 のように並んでいる。これらは、地上からの管制が容易なように同心円状に配置（Co-location）されて、そのビームを日本周辺に向けている。新しくこの位置に、2000 年 10 月 7 日に打ち上げられた、宇宙通信（SCC）と JSAT の共同所有の CS が加わることになった。

この CS を使った CS 放送が 2002 年春には開始される見込みである。CS 放送といっても、この東経 110 度 CS からの放送は特別である。東経 110 度 CS 放送には、BS デジタル放送規格がそのまま適用され、CS 自体も BS と同じ右旋偏波のトランスポンダを搭載しているので、BS/110 度 CS チューナーや、これを内蔵した共用受信機は、BS デジタルチューナーや内蔵受信機からの小変更で対応できる。ここに至っては BS 放送と CS 放送の区分はあまりなく、両者はお互いに得意な分野を相互補完し合うことになる。

東経 110 度付近は、極東・東南アジア地域各国の衛星がひしめいており、たとえば、113 度付近に予定されている韓国の CS とは、そのフートプリント（サービスエリア・マップ）も似通っている。BS ほどには明解な棲みわけがされ

第1章 本格的デジタルテレビ放送の時代へ　　　*11*

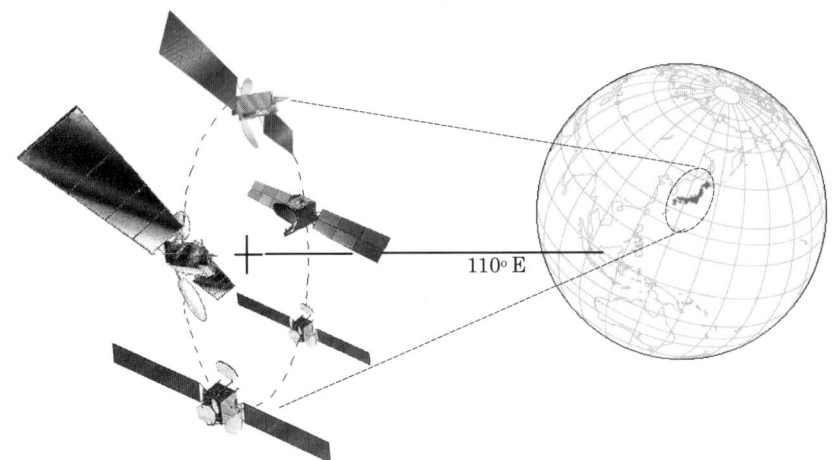

図1.7　東経110度上にある日本の衛星

ていないCS放送の場合は、国際調整を重ねて共存を図る必要がある。

BSは右旋偏波のみを使用しているところから、左旋偏波のトランスポンダまでCS放送に使うことになれば、少しだけ共用受信機が難しくなる。また全部のトランスポンダを放送に使うことには、現行のCSの定義からは、多少の問題がありそうである。これらを勘案して、図1.8に記したように、右旋偏波のみのトランスポンダ12本を使ったCS放送がとりあえず認可され、残りの左旋偏波の12本の放送利用については、将来の課題として保留されている。

CS放送で用いられる周波数は、最高12.75ギガヘルツまで伸びているため、BS放送の15チャンネルより、700メガヘルツ以上も周波数が広がっている。既存のBSアンテナ、特にBSアナログ放送用のアンテナは、アンテナ側でフ

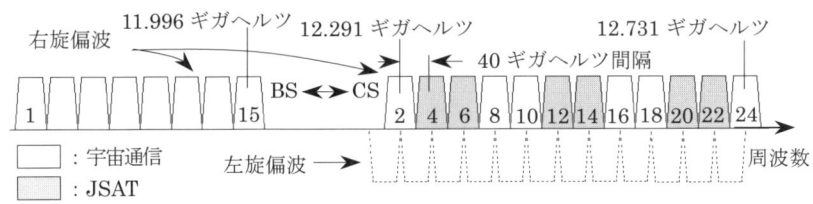

図1.8　東経110度CSのトランスポンダ配列

ィルターを入れて周波数特性を制限しているものが多いので、高い周波数のCSチャンネルほど、既存のアンテナで受信できる確率は減少する。一口にいえば、アンテナ共用の可能性には、現実問題としては疑問がある。

東経110度CSの共同所有者のSCCとJSATには、右旋、左旋偏波各6本のトランスポンダが等分に配分され、前述の既存アンテナでの受信の可能性が考慮されたためか、周波数配列でもなるべく等分になるように、細やかな区分がなされている。CS放送用の右旋偏波の各6本については、両社が受託放送事業者の資格を得ている。番組を提供する委託放送事業者としては、18社が認定を受けており、既存の民放系の子会社に混じって、近畿や九州地方を基盤にした会社や新規参入のテレビ会社やデータ専門局など多彩な顔ぶれが名を連ねている。

東経110度CSのプラットフォーム事業者としては、日本テレビやWOWOWの既存テレビ局に三菱商事やNTTグループ会社など複数の会社が参加して設立されたプラット・ワンと、CSデジタル放送を実施中のスカイパーフェクTVが参入し、覇を競っていたが、両社は2004年に合併した。

1.1.5 番組をハードディスクに記録するサーバー型放送

BSデジタル放送の細部の運用まで含めた規格は、かなりのスピードで検討されたため、一部の機能についての標準化論議が後回しになった。そのひとつが、デジタル放送受信機の中に内蔵された、ハードディスクへのデジタル記録を前提にした、**サーバー型放送**に関する規格化である。

従来のアナログ放送の家庭での記録手段としてはVTRがあり、中でもVHS方式VTRがデファクト・スタンダードとして普及してきた。VHS方式は、その後も高画質のS-VHSやデジタル記録のD-VHSなどに進化しており、そのカセットはいまでも、廉価かつ最大容量の記録媒体として君臨している。しかし、VTR自体の最大の欠点である、早送りしたり、巻き戻したりして必要な記録のある場所を探し出すためのアクセス性の悪さは、極めてよくないままで現在に至っている。

その間に、パソコンの記憶用として発展してきたハードディスクは、いまでは数ギガバイトから数十ギガバイトの容量のものが、手頃に使えるようになってきた。ハードディスクへのアクセス時に発生する騒音のレベルも、近年では

低下し、静かな環境下でも十分使用に耐えるようになっている。ただ、ハードディスクは、記録した媒体を機体から取り出して、別の場所に保管するという、リムーバブルな用途には構造的に劣っている。メモリーカードでは容量が小さすぎるコンテンツのリムーバブルな蓄積手段として、垂直磁化などによる大容量ハードディスクの進展が大いに望まれる。

　デジタル受信機の発展形として、放送時間に束縛されずに、みたい番組をみれる時間に楽しめるように、ハードディスクのサーバーに蓄積して保存できるような仕組みの標準化検討が行われている。記憶容量に関する議論は、7ギガバイト程度から、ハイビジョンの10数番組が記録可能な300ギガバイトまで広がっているが、60〜80ギガバイト程度のハードディスクが付された受信機は、遠からず発売されそうである。

　ハードディスクを利用すれば、例えば、野球中継を好んで録画している人は、たまたま録画予約するのを忘れたときでも、帰宅してみれば自動的に野球中継番組が録画されているような、視聴者の好みを自動的に把握してくれるインテリジェントな受信機の実現も、夢物語ではないと考えられる。

　受信機内にハードディスクが置かれていると、深夜などに、はじめから記録されることを意図して非リアルタイムで送信する、一種のビデオ・オン・デマンド放送サービス形態が、その次に考えられる。翌朝、プレビューの部分を再生してみて、欲しい番組があれば購入の手続きをすることにより、スクランブルが解かれて、その番組が楽しめるわけである。この種のサービスに対する規格化作業も現在進められている。

　ホームサーバーを前提にした放送サービスや、これを受信するための受信機の標準化作業は、次に述べる2段階で行われている。その第1段階は、データ放送やテレビ番組に関連したデータサービスに焦点を絞った蓄積型のサービスや受信側での蓄積手段の応用である。この例として、野球中継にリンクした各選手のプロファイルや過去の実績データなどを受信機内のハードディスクに蓄積しておくことも考えられる。

　また、天気予報や株価の最新情報などを自動的に更新して蓄積しておき、いつでも見たいときに呼び出すことも想定される。最新情報の放送は、データ放送の得意とする領域だが、サーバーと組み合わせることにより、最新データの送信が終了した時間外でも、タイムシフトしたサービスを受けることが可能に

なる。

　Eコマース分野では、あらかじめ蓄積しておいた電子カタログを、Eコマース番組からリンクして呼び出して、画面に重ねて表示するようなサービス形態も考えられる。また、長時間の動画を伴わない電子マガジンの送信や音楽ソフトあるいはゲームソフトの課金を伴うコンテンツ配信を受け蓄積保存することも可能である。課金を伴うサービスに関しては、著作権保護や課金の仕組みを講じることが必要になるが、これらはBSデジタル放送自体でもコピー防止やCASがとり入れられているので、そのハードルは高くない。

　ただし、この種のサービスを受ける代償として、クレジットカード番号などの個人データが漏洩することなしに安全に通信回線を経由して伝送したり、本人や店舗の認証システムなどを採用することが必須になる。このために、パソコンのインターネットブラウザーにはすでに装備されているようなSSL（Secured Socket Layer）を受信機に内蔵させ暗号化した通信や電子認証システムを可能にすることが、すでに決定されている。併せて通信の高速化のために、そのモデムの種類も増やしてISDNやFOMAのような次世代携帯電話方式IMT-2000のモデムなども備えられるように定められた。

　第2段階では、いよいよ映像や音声の蓄積型サービスに対応した放送規格が

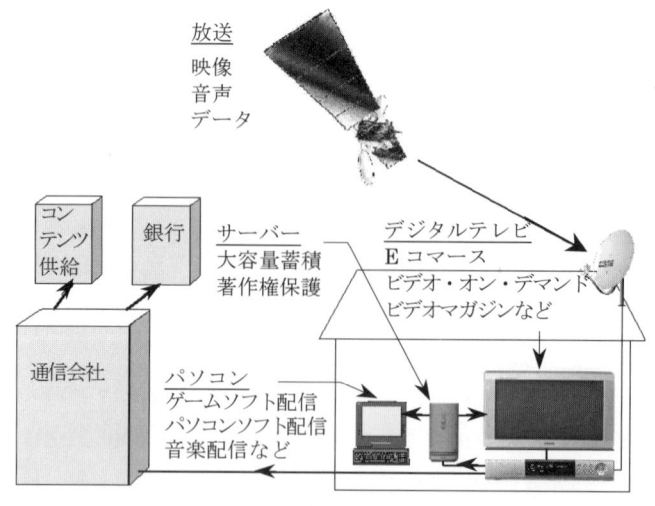

図1.9　サーバー型放送システム

整備される。この種のサービスイメージは前述したオンデマンド型やレンタル型のサービスの他に、動画型のインターラクティブなビデオマガジンや多忙な視聴者のために、特定のハイライトシーンなども選択して視聴するような形態も想定されている。この段階では、ハードディスクの大容量化とコストのバランスをどうするかが課題となる。

1.1.6 BSデジタル放送の展開

BSデジタル放送では、BSから送信される電波により、受信機内部のソフトウェアの更新や追加などを行えるように、ダウンロード機能を備えている。当初、この機能は受信機内部のソフトウェアがあまりにも長大なため、得てして起こりがちなバグを救済するために設けられた。このダウンロード機能は他にも有効に活用することができる。たとえば、新しい放送サービスが追加されたときなど、それ以前に製造された受信機でも、新しいソフトウェアをダウンロードすることにより、新しいサービスを受けることが可能になる。ソフトウェアのダウンロードは、メール機能などを用いて、あらかじめ視聴者に告知され、視聴者の決定により自動的にダウンロードが行われる。たとえダウンロード中にエラーが起きたとしても、ダウンロードは多数回長期間にわたって繰り返し送信されるので、問題は生じない。

現在のBSデジタル放送が行われている12ギガヘルツ帯の電波は、15チャンネルの上側に、新しいチャンネルを設置できる余地があり、このうち19〜21チャンネルの間の4チャンネルの使用が国際的に認められているが、これ以上のチャンネルの増設は容易ではない。衛星放送で使用可能な周波数帯は21ギガヘルツ帯にもあるが、これは、ますます光に近づいた周波数であるために、降雨による減衰がより激しく、この問題を解決しない限り、実用化にもち込むことができない。

このために降雨地域を察知して、その地域だけより高い電力で放送することや、画像データを長時間の間に、入れ替えて分散し伝送するなどの技術開発が行われている。21ギガヘルツ帯の放送が可能になると、さらに高いビットレートの放送が可能になるため、ハイビジョンよりさらに高精細度のUDTV(Ultra Definition TV)放送や立体テレビなどが、技術的には送信できるようになる可能性がある。

1.2 地上デジタル放送

1.2.1 地上放送も2003年からデジタル化される

　日本のテレビ史の大半を担ってきた地上テレビ放送が、2003年に関東、近畿、中京の3つの広域圏からデジタル化されることになった。それでも先発した米国や英国などからは数年の遅れである。次いで地方の都市も2006年には地上デジタル放送がスタートする。50年あまり続いた、現在のアナログ放送は2011年をもって廃止することが、指針として示されている。

　現行のアナログ放送では、VHF帯の1〜12チャンネルと、UHF帯の13から62チャンネルがあますところなく使われている。地上デジタル放送では、図1.10のように、UHFのみに集約されることになる。当初はUHFの低チャンネルのみに絞り込まれるもくろみであったが、**単一周波数ネットワーク**（SFN、3.2.5項参照）化の見とおしが思ったほど進まなかったため、UHF帯の全域にわたっての置局になった。地域ごとのチャンネルプランは、細部まですでに決定しており、例えば、関東広域圏では、21チャンネルから27チャンネルまでの7チャンネルが割り当てられ、近畿広域圏では13から17チャンネルまでの5チャンネルに決定している。これとは別に、関東地方では放送大学が1チャンネル、各都道府県単位の県域チャンネルが、関東、東海、近畿地方のいくつかの府県で1チャンネルずつ割り当てられている。これらの割り当ては、郵政省（現総務省）、NHKと民放連の3者の合同検討委員会がまとめ上げた。その

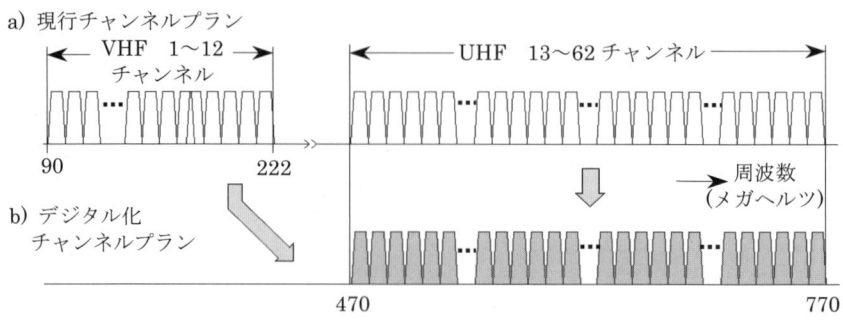

図1.10　地上デジタル放送が使用するチャンネル

第1章 本格的デジタルテレビ放送の時代へ

表1.1 総務省・NHK・民放連の共同検討委員会の親局チャンネルプラン（2004年4月現在）

地方	都道府県	NHK教育	NHK総合	民放1	民放2	民放3	民放4	民放5	県域民放	放送大学
	北海道	13	15	19	21	23	25	14		
東北	青森	13	16	28	30	32				
	岩手	13	14	16	18	20	22			
	宮城	13	17	19	21	24	28			
	秋田	13	15	17	21	29				
	山形	13	14	16	18	20	22			
	福島	14	15	25	27	29	26			
関東	関東広域	26	27	25	22	21	24	23		28
	茨城		20							
	栃木								29	
	群馬								19	
	埼玉								32	
	千葉								30	
	東京								20	
	神奈川								18	
	山梨	23	21	25	27					
信越	新潟	13	15	17	19	26	23			
	長野	13	17	16	15	14	18			
北陸	富山	24	27	28	18	22				
	石川	13	15	14	16	17	23			
	福井	21	19	20	22					
東海	中京広域	13		18	21	22	19			
	岐阜		29						30	
	静岡	13	20	15	17	18	19			
	愛知		20						23	
	三重		28						27	
近畿	近畿広域	13		16	15	17	14			
	滋賀		26						20	
	京都		25						23	
	大阪		24						18	
	兵庫		22						26	
	奈良		31						29	
	和歌山		23						20	
中国	鳥取	20	29	38	31	36				
	島根	19	21	41	45	43				
	岡山	45	32	21	27	18	20	30		
	広島	15	14	18	19	22	23			
	山口	13	16	20	18	26				
四国	徳島	40	34	31						
	香川	13	24	15	17	21	27	18		
	愛媛	13	16	20	27	21	17			
	高知	13	15	17	19	21				
九州	福岡	22	28	30	31	34	32	26		
	佐賀	25	33	44						
	長崎	13	15	14	20	19	18			
	熊本	24	28	41	42	47	49			
	大分	14	15	22	34	32				
	宮崎	13	14	15	16					
	鹿児島	18	34	40	42	36	29			
	沖縄	13	17	14	15	16				

結果、決定されたチャンネルプランを、表 1.1 に都道府県別の小電力の中継局を除く親局のチャンネル配置を記している。

表 1.1 をながめれば、従来のアナログ時代とは違って、チャンネル番号が連続した配置が行われていることに気付く。従来は1チャンネルが割り当てられた地域では、次は3チャンネル、4チャンネルの次は6チャンネルという具合に、周波数が隣り合ったチャンネルに配置されることはなかった。これは、当時まだ不十分であったテレビ受信機の選択度特性のため、隣のチャンネルとの混信を避ける意味があった。現在では、表面波フィルターが開発されるなど、十分な選択度特性が得られ、また、地上デジタル放送では周波数の切れがよく、余分な周波数の広がりをもたない変調方式を新しく採用したため、連続した周波数のチャンネル配置が可能になっている。

ただ、受信機の映像中間周波数の2倍のイメージ周波数にあたる、19 から 20 チャンネルほど離れたチャンネルを、同一地域には置局しない方策は従来どおり貫かれている。なお、表 1.1 は親局、たとえば北海道の場合、札幌局のみのチャンネルプランを記している。SFN でない中継局、たとえば小樽局の場合は、異なったチャンネルに置局されている。これらの親局以外の主な中継局に関しては、末尾の付録に記してある。

デジタルに移行する前の、大きな課題として存在するのが、デジタル放送に予定されているのと全く同じチャンネルが、現在のアナログ放送に使用されているケースが、部分的にあることである。大電力局では、このようなチャンネルの重なりは避けられたが、小電力の子局レベルではそうはいかない。アナログ放送は、デジタル受信機が普及するまでの当分の間、放送を続ける必要があるため、廃止はできないので、この打開策として考えられたのが、**アナ-アナ変換**と称されるアナログのままでのチャンネル変更である。アナ-アナ変換は、放送局側や共同聴視施設などに経済的負担を要する以外に、視聴者宅のアンテナ取り替えが必要な場合もあり、その費用は約 2000 億円と試算されている。この対策は一定の範囲内で国庫負担で行われることが決まり、その実務にあたる機関としては、電波産業会（ARIB）が名乗りを上げて、委託されることに決定した。切り替え工事は 2003 年始めからスタートしている。

デジタル地上放送の送信アンテナは、既存のテレビ塔は流用せずに、ほとんどの場合、新たに建設されることになろう。アナログ放送時代の送信アンテナ

は、開局の時期もマチマチであったり、その他の諸般の事情から、そのロケーションを揃えることができなかった。今回のデジタル移行に際しては、地域ごとの放送局間の協議により、アンテナを同一の場所に共同建設することでまとまっている。

1.2.2 地上デジタル放送の放送規格とサービス

地上デジタル放送の放送規格は、その受信機が地上放送専用にはならずに、先に始まった BS デジタル放送との共用受信機として、視聴者の便宜が図れるように、できるかぎりの規格の共用化が図られている。ただし、変調方式とそれに付随する部分は、衛星と地上とでは伝送路が違い、それぞれに最適の伝送方式を選ばざるを得ないため、変更されている。その他の、画面の精細度を定めた画面規格や、MPEG（Moving Pictures Expert Group：第2章参照）などのデータ圧縮方式、動画のデータなどをコンテナのような入れ物に入れて伝送するためのパケット伝送方式、誤り訂正方式の大部分と、限定受信の B-CAS などは、BS と地上放送とで同一の仕様が選ばれている。

地上デジタル放送の変調方式としては、最も新しい技術のひとつである OFDM（Orthogonal Frequency Division Multiplex：直交周波数分割多重）が採用された。OFDM された電波（変調波）は、ただひとつの電波ではなく、たくさんの電波が集まった電波のかたまりである。OFDM の詳細は第3章に譲るが、ここから、いくつかの新しい特長が産み出された。まず、OFDM は多数の電波を13個のセグメントに分けて、アナログでは不可能であった、それぞれの電波を独立させて、全体として多目的にフレキシビリティをもたせながら、使用できるようにしたことである。図 1.11 に例を示したように、ハイビジョンを放送する場合は、所要データ量が多いので、これだけで多くのセグメントを占有してしまい、残りのセグメントで、標準テレビの1番組や携帯電話向けの動画放送を行うのが精一杯である。標準テレビのみの放送の場合には、例えば家庭向けの固定受信テレビ2番組と移動体向けのテレビ1番組の3番組のサービス形態などが可能である。このようなサービス形態は、BS デジタル放送では ISDB-S と呼んでいたが、地上デジタル放送の場合、ISDB-T（ISDB-Terrestrial）と称されている。

このように、いろいろな放送形態をとり得る可能性はあるものの、実際に行

われる地上デジタル放送の形態は、ハイビジョン番組と音声番組を主体として放送される可能性が最も高い。また音声やデータ番組は、UHF 帯のデジタルチャンネルばかりでなく、VHF の 7 チャンネルと 8 チャンネルの周波数が重なっているために、あまり使用されていない部分に 3 セグセメント程度を設けて、地上デジタル音声放送として、ここからも放送することが検討されている。

　図 1.11 で、同じ標準テレビを放送するのに、なぜ移動体向けと据置テレビの固定受信用に分けて行うのかとの疑問があろう。分けられた理由は、移動体向けには，FM 放送の流れを汲む変調方式が、OFDM の多数の電波に載せる前に使えるように、固定受信用には、従来のアナログ放送の流儀を踏まえた伝送容量に優れた変調方式が、OFDM 多重化の前に適用できるようにしたためである。つまり、それぞれのケースとも、良好な画質で効率よく放送できるような配慮がなされているのである。

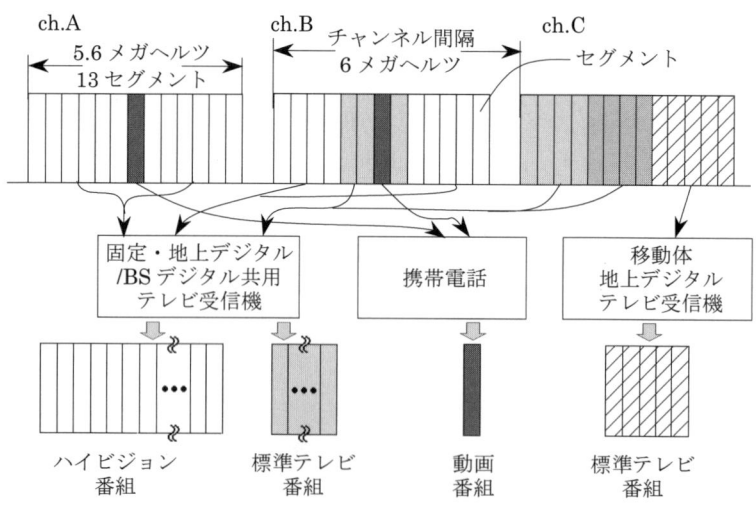

図 1.11　地上デジタル放送の放送例

　OFDM は、その他にも建物などの反射波による**多重像**（ゴースト）**妨害**などにも強い方式であり、種々の電波障害にさらされている地上アナログ放送に比べて、高品位の受信が期待されている。ゴースト妨害に強い性質を一歩進めれば、近隣地域を同一チャンネルでカバーするようにして（SFN 化）、移動体受

信の際のチャンネル切り替えの手間を省いたり、電波資源の節約を図ることの可能性も出てくる。OFDM を用いたデジタルテレビ放送では、アナログ放送と同じ範囲のサービスエリアをカバーするのに、数分の一の送信電力ですむともいわれている。

　地上デジタル放送の電波は、既存のアナログ放送と同時放送期間中に、水平偏波で送出されている、近い周波数のアナログチャンネルと混信する恐れがある場合には、垂直偏波での送出も考えられている。

1.3　世界のデジタル放送

1.3.1　米国のデジタルテレビ放送

　米国では、衛星放送のデジタル化も、地上放送のデジタル化でも、世界のトップを切って実用化された。デジタル衛星放送に関しても、ひとあし先に大規模化、多局化した CATV に対する番組配信の形で発展してきた。衛星からの電波を家庭で直接受信することも一部ではみとめられており、そこそこには視聴者を集めていた。家庭への直接サービスのみを目的として、デジタル衛星放送を開始したのは、ヒューズ社が出資したディレク TV である。ディレク TV は、1994 年に世界で最も早く放送をスタートしたが、この時期には、まだ画像のデータ量を少なくする技術である MPEG 規格も十分にはまとまりをみせていなかったため、完全には同規格には準拠しない方式からサービスを開始し、後に、MPEG 流儀の放送に変更された。ちなみに、米国での衛星放送は、官があまり介入することがない、民間マターとして取り扱われている。このため米国では、いろいろな互換性のないデジタル衛星放送方式が存在したが、時を経て、しだいに市場原理による統合が進んでいる。

　地上デジタル放送に関する戦略は、米国は、テレビの歴史を築いた先進国としての自負からか、国の行政機関である連邦通信委員会（FCC：Federal Communication Committe）のリーダーシップにより推進された。このきっかけになり、刺激を与えたのが、日本のアナログハイビジョンの世界規格を目指した普及活動であったことは、有名な事実である。FCC は検討の途上で、次世代のテレビ方式はデジタル方式であるとの判断を下し、公募していたテレビ方式のうちアナログ方式を棄却した上で、デジタル方式を提案していた 5 団体を

結集して、グランドアライアンス（GA：Grand Alliance）を組織し、米国の地上デジタルテレビ規格（ATSC 規格と呼ばれる）を完成した。この規格は、MPEG や DVB 規格をその根底には取り入れてはいるものの、むしろ独自規格の色彩が強いものである。ATSC 規格によるデジタルハイビジョン放送は、1998 年に開始され現在に至っている。

1.3.2 欧州におけるデジタルテレビ放送

　欧州では、地形的に混信が起こりやすいため、地上放送の多局化が困難である間隙をぬって、早い時期から、アナログ方式の民間有料衛星放送局である BSkyB や Canal Plus 局などが人気を集めていた。BSkyB 局はルパート・マードック（K. Rupert Murdoch）が率いるニューズ社傘下の英国籍の放送局であり、欧州全域からの顧客を集めている。Canal Plus 局は、主としてラテン系の人々に人気があるフランス籍の局である。デジタル化では、この Canal Plus 局が 1996 年に先鞭をきってサービスを開始した。

　欧州では、これより先に、ユーレカ計画により開発された半アナログ、半デジタルのテレビ方式である、MAC（Multiple Analog Component）方式の普及が、衛星の打ち上げ失敗などの不幸にも見舞われ頓挫していた。その後、世界中の放送関係機関や機器メーカーなどをメンバーにした DVB グループが結成され、デジタルテレビの規格づくりを推進していたが、このグループの最初の成果が、DVB-S（DVB-Satellite）規格の完成である。DVB グループは、その他にも DVB-T （デジタル地上放送規格）、DVB-C（デジタル CATV 伝送規格）、DVB-CS（デジタル衛星放送の CATV 伝送規格）、DVB-MC、DVB-MS（いずれも無線 CATV 伝送規格）など多くの規格をまとめ上げている。これら数多い規格は、ETSI（the European Telecommunications Standards Institute）規格としてオーソライズされている。

　その後に開局した欧州の衛星放送局は、公共か民間かを問わず、DVB-S 規格に完全に準拠した放送を実施している。この中で、放送の域を越えてマルチメディア・サービスを志向したのが、BSkyB 局のスカイ・サービスであり、銀行、通信事業者や電器メーカーなどの出資を得て、オンライン・ショッピングなどの事業を、放送と併せて推進している。

　DVB が策定した放送規格のベースとなる技術の中で、最も注目を集めている

のが、地上デジタル放送用の DVB-T（DVB-Terrestrial）規格の中に採用された、OFDM 技術であろう。OFDM は、米国や米国と同方式を指向する国々を除いた世界の各国で、地上デジタル放送の変調方式として採用され、あるいは、検討されている。DVB-T 方式による地上デジタル放送は、米国とほぼ同時期の 1998 年から英国とスエーデンで開始され、少し遅れて、スペイン、オーストラリアでもサービスが始まる。

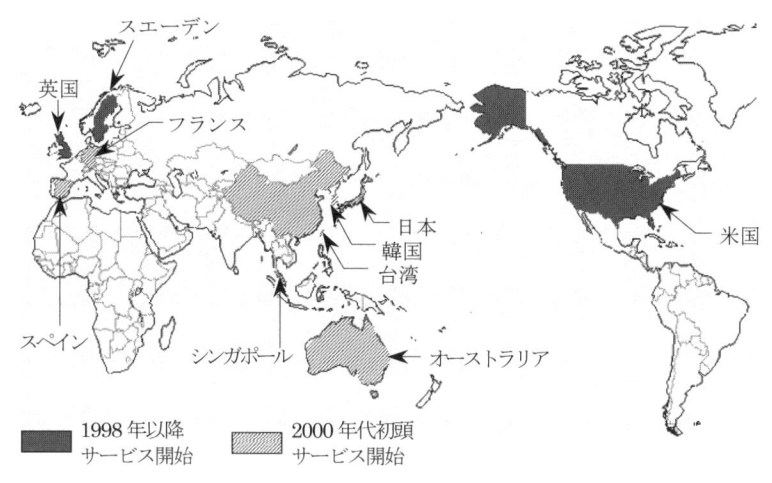

図 1.12　世界の地上デジタル放送

英国の場合、もともとテレビ放送はすべて UHF 帯のみで行われていたが、この UHF チャンネルのうち、比較的に使われていなかった 6 つのチャンネルを利用してデジタル放送がスタートした。8 メガヘルツの幅があるチャンネルでは、テレビ 4〜5 番組とテレテキストなどのデータ番組が複数チャンネル、放送が可能である。6 つのデジタルチャンネル全体では、テレビ 28 番組を放送するだけの容量がある。これらのデジタルチャンネルには、BBC（British Broadcasting Corporation：英国放送協会）や ITV（independent TV）などの既存の地上放送局のすべてが参入している。また、衛星放送であまりにも人気があったために、当初参加が危ぶまれた BSkyB も、他の有料テレビ局と同様に参入資格を得ている。これら局が制作する番組は、プラットフォームの役割であるオンデジタル（ON Digital）がまとめて多重化し、光ファイバー回線を

通じて、英国全土の 81 ヶ所に置かれた送信施設まで伝送し、最終的に電波の形で各家庭に向けて送出されている。

　以上、日本および世界におけるデジタル放送の概要を説明したが、この先の第 2 章以降は、これらデジタル放送のベースになっている技術について、できるだけわかりやすい解説を行うことにしたい。

第2章

動画像のデータ量を圧縮する
－高能率符号化技術－

　テレビの信号を単純にデジタル化したとしたら、従来のアナログの何十チャンネルか分をひとつのデジタル化したチャンネルで占有してしまうほど、動画像のデータ量は大きい。このままでは、デジタルテレビは実現困難だということになってしまう。本章では、**MPEG** の名称で知られている、データ量を数十分の一に圧縮し、デジタル放送を可能にした、動画像の高能率符号化技術について、わかりやすい説明を行う。

Jean Baptistte Joseph Fourier
（1768－1830）
フーリエは、時間とともに変動する波形と、その周波数成分の強度の間の数学的な関係を明らかにした。このフーリエ変換の原理は、画像データの圧縮にも用いられている。

2.1　いろいろなテレビ画面の方式

2.1.1　画面を構成する画素の数とデータ量

　テレビの画面は、数多くの画素が集合してできていると考えてよい。もし現在のアナログ標準テレビ放送レベルの動画像をデジタル化した場合、そのあらましのデータ量を計算してみる。まず、画面を次のように想定する。

　　画面横方向画素：640 ドット
　　画面縦方向画素：480 ドット
　　輝度信号量子化：8 ビット
　　色信号量子化　：8 ビット×2 種（赤系および青系）
　　毎秒コマ数　　：30 フレーム/秒

　上記で、画面の横方向および縦方向画素数は、画の細やかさが解像度約 320 本、画面の縦横比が 4：3（＝640 画素：480 画素）の標準テレビの画素数である。画像は光の 3 原色である赤（R）、緑（G）、青（B）の成分でもって表すことができるが、デジタルテレビ放送では、画の明暗を表す**輝度（Y）信号**を

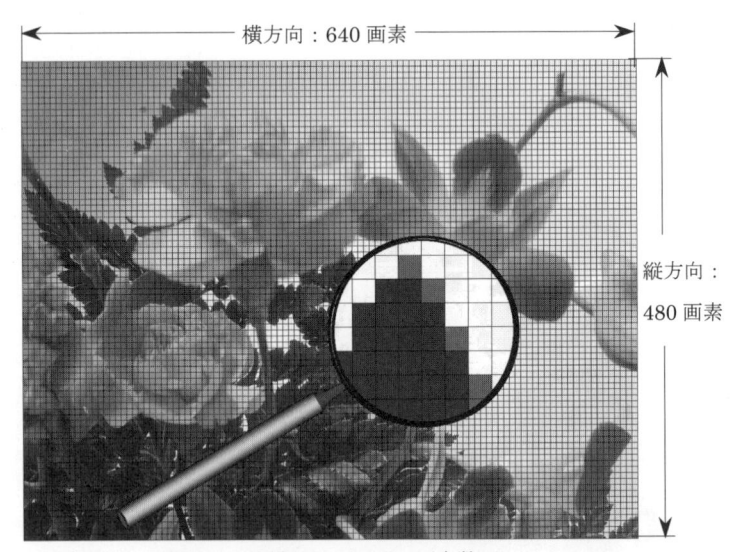

図 2.1　標準テレビ画面の画素数

ITU-R (International Telecommunication Union-Radio communication：国際電気通信連合-無線通信) で推奨されている BT-709 規格に従って、次式のように、人の最も視感度が高い緑色成分を約7割の比率で、次いで赤、青の成分もそれぞれ約2割と約1割加えて送信している。アナログテレビ放送や、スカイパーフェク TV の CS 放送では、BT-601 に準拠しているので、これとは若干違った値に設定されている。

$$Y=0.2126R+0.7152G+0.0722B$$

この輝度信号 Y を送信しただけでは、色の情報のすべては得られないので、同様に演算を加えた2つの色信号が同時に送信される。これについては次の項で述べる。

輝度信号は白から黒の部分までの間を、8ビットすなわち256段階に**量子化**（アナログ信号を数値化）する。毎秒放送されるコマ数は、多いほうがスムーズな動きの画が得られるが、一方では、目の残像時間以上のコマ数を放送しても無駄なので、30コマ程度にして送信する方式が用いられている。これら数値のすべてを掛け算したものが、テレビ放送に必要なデータ量ということになるが、結果は実に毎秒200メガビット前後に達する巨大な情報量になってしまう。

ハイビジョン（HDTV）の場合には、横方向画素数が1920画素、縦方向画素が1080画素に選ばれており、横画素の増分が大きいのは、画が細やかなのと、16：9の横長の画面を送信するからである。画素数が増加している分だけ、解像度は向上するが、反面データ量は標準テレビの6倍以上の毎秒約1.4ギガビットになる。このような膨大なデータをリアルタイムで伝送することは、かつては困難な課題であると考えられたが、**MPEG**（Moving Pictures Expert Group）などの高能率符号化技術が登場し、データ量を圧縮することが可能になった。これにより、デジタルテレビ放送が現実のものになったわけである。

2.1.2 動画の2種類の走査方式…順次走査と飛び越し走査

テレビ画面を電波に載せて送信するためには、どのような順番で画素の全部を伝送するかの約束事が必要なのはいうまでもない。これについては次に述べる2種類の方式がある。

① **順次走査**（プログレッシブ走査）

画面の左から右へ、上から下へというように順番に送信するというのが、誰

しもが考える一般的な方法であり、パソコン系の画像伝送のほとんどは、このような方式を用いている。動画の1コマを**フレーム**といい、1秒間に何コマの送信を行えばよいかについては、目の残像時間を考慮して、30フレーム（欧州では25フレーム）に選ばれている。

② **飛び越し走査**（インターレース走査）

もし順次走査で、左上から右下まで画素を走査（スキャンニング）している30分の1秒の間にも、被写体がかなり動いてしまうような激しい動きがある被写体を伝送すると、歪んだ被写体を受信することになる。これを避けるためには、1秒間に送信するコマ数を増やせばよいが、これでは毎秒のデータ量がその分だけ増えてしまう。

図2.2に示すような、飛び越し走査を用いると、実質的に同じデータ量で、2倍のコマ数を送信することができ経済的である。飛び越し走査では、縦方向

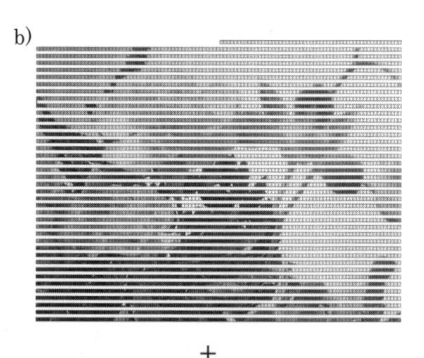

図2.2　飛び越し走査の原理
　a) 図の順次走査画面に対して、飛び越し走査では、b)図のような間欠的な
　b) 画面と、c)図に示す残りの部分の画面の2つに分けて送信する。

の画素を飛び飛びに間引いてできる粗いコマの2枚で、完全な1コマの全画素を送信し終えることになる。粗い1コマを**フィールド**と呼んでおり、この送信時間は60分の1秒（欧州では50分の1秒）に選ばれている。

2.1.3 色信号の取り扱い

　画は赤、緑、青の3原色の成分で成り立っていることは前に述べたが、テレビ放送では、前述の輝度信号と2つの色信号を伝送している。2つの色信号には赤の信号から輝度信号を引き算した赤系統の**色差（R-Y）信号**といわれるものと、同様に青の信号から輝度信号を差し引いた青系統の色差（B-Y）信号を用いている。直接的に色信号そのものを伝送しない理由としては、かつて輝度信号のみを受信する白黒テレビが存在した時代に、両立性を維持するのにも好都合であった。現在でも、2つの色信号の情報量を落として送信する方法が、データ量低減のために用いられている。人の目が色信号や色差信号に対しては、さほど鋭敏ではないがゆえに、輝度信号に比べて画素数を減じて放送しても支障は生じない。色差信号のデジタル化は輝度信号の場合と同様、256段階に量子化している。ちなみに、送信されていない緑系統の信号は、輝度信号など送信されている3つの信号から演算して復元することができる。

　実際には、赤系の色差信号はP_R、青の色差信号はP_Bとして、次式のように変換処理されたものが使用されている。

$$P_R = 0.6350(R-Y)$$

$$P_B = 0.5389(B-Y)$$

2.1.4 BSデジタル放送と地上デジタル放送での画面規格

　日本のデジタル放送規格は、電波産業会（ARIB）が中心になってまとめられたが、BSや今後のCSデジタル放送、地上デジタル放送などの異なったメディア間でも、物理的に必然性があって、規格を分けざるを得ない部分を除いて、共通の規格を適用することになっている。画面規格は標準化が可能な部分であり、表2.1に示した5種が採択されている。

　これらの画面規格を簡単にいい表すのに、表の左欄の480P、1080Iなどの通称名で呼ぶことが多い。ここで、Pは順次走査のプログレッシブ、Iは飛び越し走査のインターレースの略である。順次走査は、パソコンとは融和しやすい

表 2.1　デジタル放送の画面規格

通称	画面横縦比率	横画素数×縦画素数	順次走査／飛び越し走査	フレーム数/秒
480I	4：3 16：9	640× 480 720× 480	飛び越し走査	29.97
480P	4：3 16：9	640× 480 720× 480	順次走査	59.94
720P	16：9	1280× 720	順次走査	59.94
1080I	16：9	1920×1080	飛び越し走査	29.97
1080P*	16：9	1920×1080	順次走査	59.94

ものであり、放送と通信の融合を願って新たに設けられたものである。PやIの前の数字は縦方向の画素数を示しており、ブラウン管を用いた受信機の場合には、画面の走査線数に相当する。なお＊印を付した1080Pは最も高精細な画面ではあるものの、あまりにも伝送すべきデータ量が過大なので、実証実験が必要として留保されている。現実には、480Iの標準テレビと1080Iのハイビジョンを、混在させて放送されることが多い。

2.2　画像のデータ量圧縮に役立つフーリエ変換

2.2.1　音声や画像の高能率符号化の歴史

　一般的な画像には多くの冗長性がある。例えば、書類をファクシミリで送る場合、なんらの工夫もせずにデータ化すれば、その大半の部分は白い文字のない部分の無駄なデータが占めるであろう。ファクシミリの場合には、これらの冗長性を省くために、ランレングス方式と呼ばれる、白い部分がどれくらいの長さ連続し、その次に黒がある長さだけ続くといったアルゴリズムを用いて書類の情報を能率よく符号化して伝送している。
　音声やテレビ映像の高能率符号化については書類の場合よりは複雑であり、違ったアプローチが必要である。これらのデータ化に際して、いかに情報源の品位を損なわずに少ないデータ量でデジタル化するか、すなわち高能率の符号化を行うかについては、近年多くの努力が行われ、まず、デジタルオーディオやインターネット系のアプリケーションで応用が始まった。

現在、テレビの映像や音声の符号化に使用されているのは、Moving Pictures Expert Group がまとめた MPEG 規格である。この規格は主として19世紀のフランスの数学者フーリエが体系を築いたフーリエ変換をそのベースにして高能率符号化を行うものである。

MPEG では最初の着手として、カラオケなどでも使われた1秒間に送出するビット数が、1.5メガヘルツ/秒以下の MPEG-1 規格をまとめ、ISO/IEC11172 規格として 1993 年に発行した。ISO (International Organization for Standardization) は国際標準化機構、IEC (International Electrotechnical Commission) は電気標準会議のことである。1995 年には、ハイビジョンまでを視野に入れた映像の符号化手順を取り決めた、MPEG-2 規格が ISO/IEC13818 として完成をみた。現在のデジタル放送では、この MPEG-2 による符号化が用いられている。なお映像ばかりでなく、音声データの圧縮についても、同規格でカバーされており、同様にデジタル放送に利用されている。

2.2.2 フーリエ変換とは

フーリエ変換は時間とともに変化する時間波形と、波形の周波数成分およびその強度の、2つのうちの一方から他方が容易に導かれるという可逆的関係を数学的に明らかにしたものである。直感的にこの関係を理解するために、音符と楽音の関係を例にして考えてみる。

図 2.3 の楽譜の部分は時報などに使われている2オクターブ離れた「ラ」を

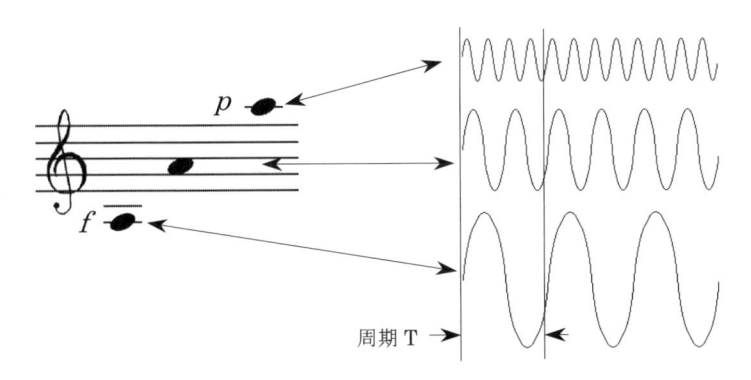

図 2.3 楽音と音符のように、フーリエ変換は波形と周波数成分の可逆的関係を明らかにしている。

示している。楽譜に従って楽器を弾けば、その楽音の基本波形は図の右側のように図示される。逆に耳のよい人が楽音を聞いて採譜したとすれば、左の楽譜ができあがるであろう。

フーリエ変換の大意は、おおむねこの例のように理解することができるが、詳しく表すと一般的な時間波形 e(t) は次式のようになる。

$$e(t) = a_0 + a_1 \cos(2\pi \times \overline{ft}) + a_2 \cos(2\pi \times \overline{2ft}) + \cdots + a_n \cos(2\pi \times \overline{nft}) \\ + b_1 \sin(2\pi \times \overline{ft}) + b_2 \sin(2\pi \times \overline{2ft}) + \cdots + b_n \sin(2\pi \times \overline{nft})$$

…(2.1)

ここで、周波数 f は同一の波形の繰り返しが生じるまでの周期 T の逆数、すなわち、

$$f = \frac{1}{T}$$

であり、この周期内にひとつの波の山谷が一組入るような基本周波数である。a_0 は周期 T 内の波形の平均値であり、波形の直流成分を表している。サインの項は周期 T の最初がゼロから始まる周波数成分を示しており、最初の項がその基本波成分、2項目は1オクターブ高い周期内に2組の山谷が入る2倍の高調波成分を示している。3項目以降も3倍、4倍、…の高調波が続く。b_1、b_2、…は基本波や高調波の大きさを表す係数である。これを音譜にたとえると、フォルテ（f）やピアノ（p）のようなものである。コサインの項は周期 T の始まりにおいて最高値をもつ成分を表す他はサインの場合と同様である。

a_1, a_2, …や b_1, b_2, …の周波数成分の係数は次のような計算で求められる。

$$a_1 = \int_0^T e(t) \times \cos 2\pi ft \, dt, \ a_2 = \int_0^T e(t) \times \cos 2\pi \cdot 2ft \, dt, \cdots, \ a_n = \int_0^T e(t) \times \cos 2\pi nft \, dt$$

$$b_1 = \int_0^T e(t) \times \sin 2\pi ft \, dt, \ b_2 = \int_0^T e(t) \times \sin 2\pi \cdot 2ft \, dt, \cdots, \ b_n = \int_0^T e(t) \times \sin 2\pi nft \, dt$$

…(2.2)

これら係数は、dt の微小時間における時間波形と、基本波や高調波に相当す

るコサインやサインの数値を掛け算して、周期内で平均化したものである。少し難しい話になったが、この計算は、時間波形から勘に頼らずに採譜しているものと考えればよい。波形に含まれていない周波数成分については、計算された係数の値はゼロになり、波形に含まれている周波数成分に関しては、その大きさが a_i や b_i の係数として求められるからである。

符号化の話に戻って話を進めよう。楽音をデジタル化して、そのデータを記録に残そうとすれば、とても膨大なページ数を必要とするであろう。しかし、楽譜として採録すれば、音階と強弱だけを連ねて標記すればよく、その分量は数ページ以内に納まるであろう。MPEGによる高能率符号化は、これと同様な原理に基づいている。

2.3 MPEGによる高能率符号化

2.3.1 画素数と画素ブロック

テレビカメラで撮った画像の電気信号も時間波形である。したがって前節のフーリエ変換を適用して、データ量を圧縮することが可能である。画像は縦横の二次元の情報であるから、多くの画素の中から、縦8画素、横8画素の都合

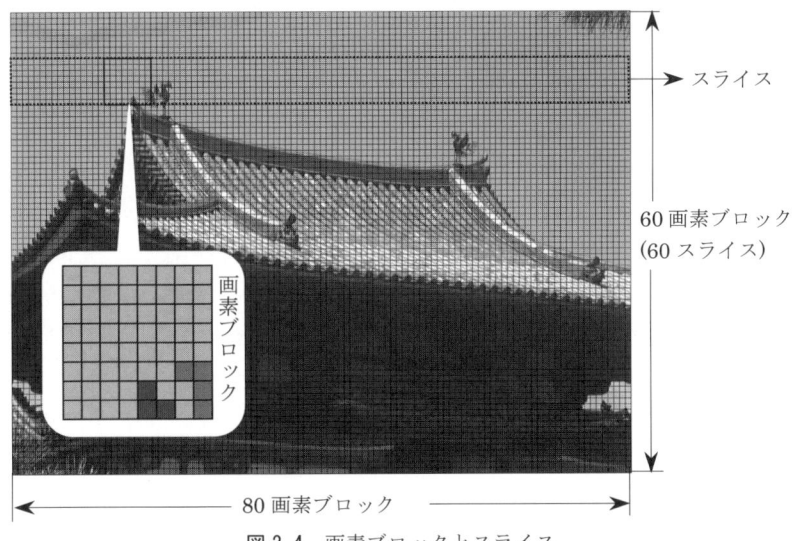

図2.4 画素ブロックとスライス

64画素のブロックを切り出して、ひとつの単位として処理を行うように取り決められている。図2.1に示した画面の場合、図2.4のように一画面内で横80（640÷8）ブロック、縦60（480÷8）ブロック、都合4800の**画素ブロック**が構成される。画素ブロックを横方向に連ねたものは**スライス**と呼ばれている。

　MPEGでは、画面の精細度を左右する縦横の画素数に応じて4層の**レベル**と呼ばれる階層を設定している。図2.1や図2.4の例の標準テレビ（480I）の場合は、16：9の横長画面を含めて横720画素、および縦576画素までを規定した、MPEGのメインレベルに属する画素数である。一方、ハイビジョン（1080I）の場合は、横方向は1920画素、縦画素は欧州のPAL方式からの移行を考慮した1152画素までの範囲を定めた、ハイレベルの階層に入る画素数になる。MPEGの階層については、すべての説明が終わった本章の末尾に、もうひとつの階層である**プロファイル**と併せて、表2.4として掲載している。

2.3.2　フーリエ変換からDCTへ

　画素ブロックの性質を吟味すると、縦横に広がった画素の縦方向にも横方向にも濃淡の変化があり、縦方向の時間波形と横方向の時間波形の2種を考える必要があることになる。画素ブロック内の縦および横方向の最高周波数は1画素ごとに濃淡が変化する市松模様のとき、画素ブロック内に山谷が4組入る周波数であり、これ以上の周波数は取り扱わない。この点は2.2節で述べたフーリエ変換が無限の周波数範囲を取り扱うのと異なっている。また、フーリエ変換は時間的に切れ間がない連続した波形を扱っていたのに対して、8×8画素の画素ブロックの縦、横の走査時間を周期にし（テレビの走査は2.1.2項の走査のところで述べたように、画素ブロックをつらぬいて、画面の左から右に走査するので、実際の時間間隔でみた縦と横方向の周期は異なる）、この1周期の間は、8等分された飛び飛びの時間を取り扱うことになる。このように飛び飛びの時間を扱い、結果として有限の周波数範囲を扱うフーリエ変換を**離散フーリエ変換**（DFT：Discrete Fourier Transform）という。

　フーリエ変換では、コサインの項とサインの項に分かれていたが、どちらか一方を省略しても差し支えない。黒から始まる画素ブロックでは、サインのほうがよいようにも思えるが、コサインのマイナス符号でも表現できる。フーリエ変換の直流分 a_0 の項は、コサインを選んでおけば、0度のときに値をもたせ

ることができるので演算上好都合である。これらの理由から、MPEGでは、コサインを用いた離散フーリエ変換すなわち**離散コサイン変換**（DCT： Discrete Cosine Transform）を行って、符号化を行うように取り決められている。

2.3.3　色差信号の画素ブロックの構成

赤系統および青系統の色差信号については、輝度信号なみに画素数を多くとらなくても、人の目には劣化の識別ができないことは前に述べた。画素をどの程度省略するかは、MPEGではプロファイルと呼ばれる階層の中に色差信号の精細度の選択枝を設けて選べるように考えられている。図2.5は、MPEGのメイン・プロファイルとして規定されている4：2：0と呼ばれる色差信号の取り扱い方を図示したものである。輝度信号については 8×8 画素のブロックを構成していたが、2つの色差信号の場合は、画素ブロックを4個合わせた 16×16 画素のマクロブロックと呼ばれる画素群から横方向は1画素おきに、縦方向は縦2画素の中央部から1画素を取り出し、8×8画素のブロックを構成している。

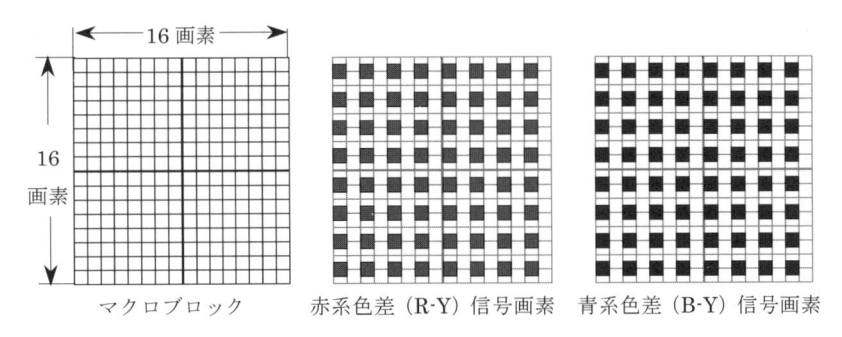

図2.5　色差信号画面の画素の取り方（4：2：0の場合）

2.3.4　画像に離散コサイン変換（DCT）を適用する

テレビ画像の1コマ、1コマをみると静止画像でできており、テレビの動画はたくさんの静止画像を時間的に並べてつくられていることがわかる。静止画像に離散コサイン変換（DCT）を用いて、データ量を減らす試みはMPEGよりはやく JPEG（Joint Photographic Experts Group）規格にまとめられ、インターネットなどで活用されている。動画を連続した静止画としてとらえ、連続して JPEG の処理を試みても、ある程度のデータ量圧縮は期待できるが、

MPEGでは、16コマおきに静止画像をJPEG流の離散コサイン変換を用いてデータ量削減を行うが、その他のコマは、後述のように、動きを予測してつくった予測画像と実際の動画像を比較した差分の画像に対して、離散コサイン変換を適用し、さらなるデータ量削減を行っている。二次元の離散コサイン変換とは、どのようなものであろうか。前2.2節の周波数成分を示した、フーリエ変換の（2.2）式は、

$$F(0,0) = \frac{1}{4} C(0)C(0) \sum_{y=0}^{7} \sum_{x=0}^{7} f(x,y)$$

$$F(1,1) = \frac{1}{4} C(1)C(1) \sum_{y=0}^{7} \sum_{x=0}^{7} f(x,y) \times \cos\left\{(2x+1) \times \frac{1}{16}\pi\right\} \cos\left\{(2y+1) \times \frac{1}{16}\pi\right\}$$

$$F(1,2) = \frac{1}{4} C(1)C(2) \sum_{y=0}^{7} \sum_{x=0}^{7} f(x,y) \times \cos\left\{(2x+1) \times \frac{1}{16}\pi\right\} \cos\left\{(2y+1) \times \frac{2}{16}\pi\right\}$$

....

$$F(7,7) = \frac{1}{4} C(7)C(7) \sum_{y=0}^{7} \sum_{x=0}^{7} f(x,y) \times \cos\left\{(2x+1) \times \frac{7}{16}\pi\right\} \cos\left\{(2y+1) \times \frac{7}{16}\pi\right\}$$

のように多少複雑なものになる。これを一般的に示せば、

$$F(u,v) = \frac{1}{4} C(u)C(v) \sum_{y=0}^{7} \sum_{x=0}^{7} \underline{f(x,y)} \times \cos\left\{(2x+1) \times \frac{u}{16}\pi\right\} \cos\left\{(2y+1) \times \frac{v}{16}\pi\right\}$$

…(2.3)

のようになる。(2.3)式がひとつの画素ブロックの周波数的性質を表す64個の係数の一般式になる。(2.3)式で、C(u)、C(v)は定数であり、直流分のu=0、v=0のとき、それぞれ$1/\sqrt{2}$、u≠0、v≠0のとき、それぞれ1になる。(2.3)式で実線のアンダーラインを付したf(x,y)の項は、フーリエ変換ではe(t)で示される信号の時間波形に相当するもので、ここでは、画像信号の濃淡を8ビットで表した場合、ゼロから255の間の値をもつ、ひとつの画素ブロック内の、64個の画素の濃淡を表す信号値である。

点線を付した2個のコサインの乗算の項は、第1項が横方向の空間的な周波数を、第2項が縦方向の空間的周波数を示している。コサインの乗算は−1と1の間の値をとるので、マイナスの場合を黒く、プラスの場合を白く表示することにして、ひとつのuとvに対して、64回のコサインの乗算を行い、uおよびvのゼロから7まですべての計算結果を64個並べて示したものが、図2.6の**基底画像パターン**と呼ばれるものである。基底画像パターンは縦、横の二次

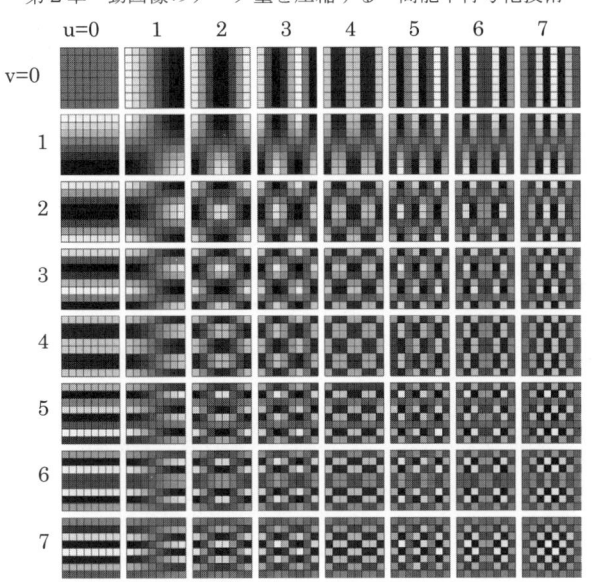

第 2 章　動画像のデータ量を圧縮する－高能率符号化技術－

図 2.6　コサインの乗算部分の計算結果である 64 個の空間周波数
パターンをまとめて図示した基底画像パターン

元の空間周波数をパターン化して示したものである。

　変換しようとする画素ブロックが、これら 64 個の基底画像パターンのいずれかと一致していれば、一致した部位の離散コサイン変換係数は、最大値を示すことになる。もし、画素ブロックの濃淡が、基底画像パターンと白黒逆転したものであれば、プラス、マイナスが逆転した最大値を示す。幾何的な模様の画像は別として、実際のテレビ画像の画素ブロックはもっと複雑であり、ぴったり一致することは極めてまれである代わりに、複数の基底画像パターンと似ているものがあり、複数の離散コサイン係数の出力があることが普通である。離散コサイン変換を一口でいい表せば、基底画像パターンから、複数個の似ているものを探し、その相似係数を求める演算処理であるということができる。

2.3.5　離散コサイン変換演算の実際

　図 2.7 は、ひとつの画素ブロックの離散コサイン変換を行うための演算を図示したものである。画素ブロックの 64 個の画素には、横方向に x、縦方向には y の、それぞれゼロから 7 までの座標を付し、各画素の信号値と基底画像パタ

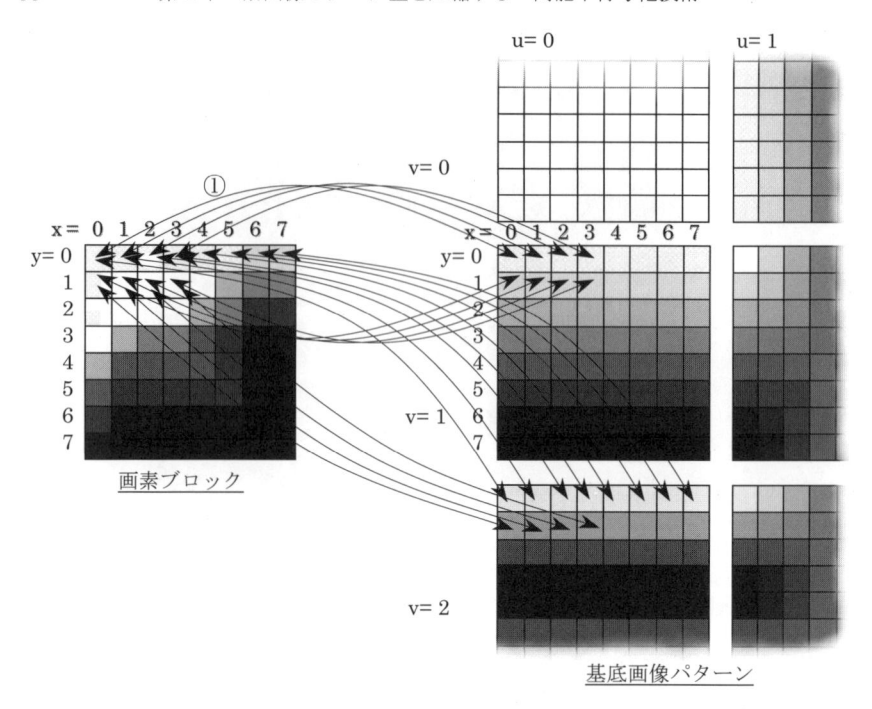

図2.7　離散コサイン変換の演算

ーンのうちひとつの周波数パターンの同じ x、y 座標点のコサイン乗算値を掛け算し、これらの結果を加算する。つまり1画素ブロック、1周波数パターンあたり8から9ビットの乗算を 64 回行って和をとって、所定の係数を掛けることで、−1024〜1023 の範囲の 11 ビットの離散コサイン変換係数が求まる。

全体では、基底画像パターンは 64 種あるので、(2.3) 式どおりに計算すれば、

　　　64（画素）×64（基底画像）＝4096 回

乗算を行い、これらの総和をとって、ひとつの画素ブロックの離散コサイン変換が完了することになる。しかし、実際に計算を行ってみれば、x が奇数のとき、$\cos(\pi/16)$ と $\cos(31\pi/16)$ などの同じ値の掛け算を行ったり、偶数のときの $\cos(3\pi/8)$ も $\cos(11\pi/8)$ も、また $\cos(5\pi/16)$ や $\cos(13\pi/8)$ も符号が変わるだけで同値の乗算をしているなど、かなり冗長な演算を行っていることがわかる。

このような冗長性を排した、**高速フーリエ変換**（FFT：Fast Fourier Transform）

第2章　動画像のデータ量を圧縮する－高能率符号化技術－

が以前から知られており、この手法を用いれば、合理的に掛け算の回数を減らすことができる。

(2.3) 式の並びを変えた次式で、

$$F(u,v)= \frac{1}{4}\sum_{y=0}^{7}C(u)C(v)\sum_{x=0}^{7}f(x,y)\times\cos\left\{(2x+1)\times\frac{u}{16}\pi\right\}\cos\left\{(2y+1)\times\frac{v}{16}\pi\right\}$$

二重アンダーラインの箇所の一次元の離散コサイン変換に相当する部分を先に計算して、後で同じ形をした残りの一次元離散コサイン変換の計算を行う、すなわち、一次元離散コサイン変換を繰り返し行って、二次元離散コサイン変換を完成させることが考えられる。これらの高速フーリエ変換技法を発展させた離散コサイン変換手法には、Wang や Chen などの多くのアルゴリズムがあるが、図 2.8 には Chen のアルゴリズムを記した。Chen のアルゴリズムは、行列式を分解し、コサインの軸対称性なども用いて冗長な演算を排したものである。図 2.7 中の①の部分に示したごとく、画素ブロックの 1 行分の 8 画素（x_0 ～x_7）単位で入力して、4 ステップに分けた演算を同時進行で行う。通常の処理で、1 行分（u＝0、…、u＝7）の係数値 F(0)、…、F(7) を得るには 64 回の掛け算と 64 回の足し算が必要であるが、Chen のアルゴリズムによれば、最大

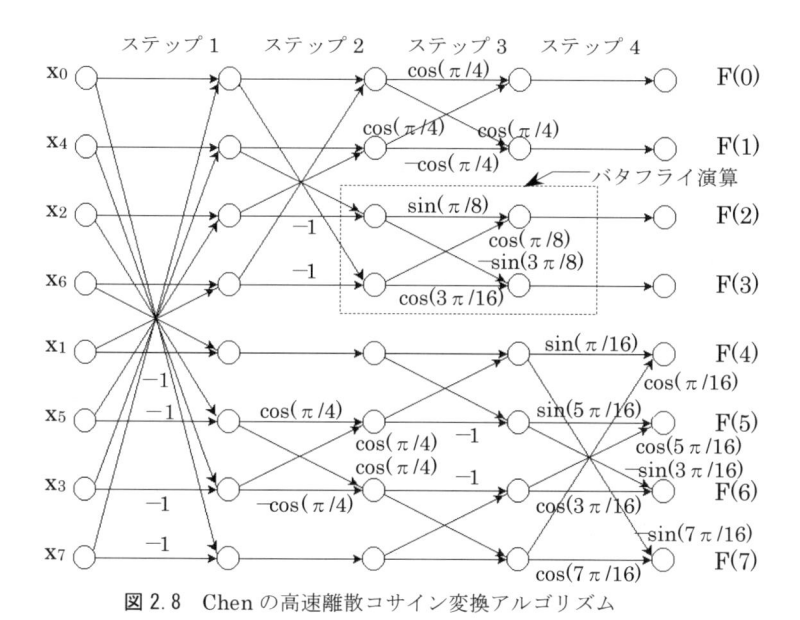

図 2.8　Chen の高速離散コサイン変換アルゴリズム

で4回の掛け算と2回の足し算を行うバタフライ演算10段と16回の積和演算で済ませることができ、プログラムのステップ数が半減できる。

これまで、テレビの放送局側で行われる MPEG 処理のうち、離散コサイン変換について述べてきたが、受信機側では、これとは逆の**離散コサイン逆変換**（IDCT：Inverse Discrete Cosine Transform）を行って、もとのテレビ信号のデータに戻すことになる。離散コサイン逆変換は、

$$f(x,y) = \frac{1}{4} \sum_{x=0}^{7} \sum_{y=0}^{7} C(u)C(v) \, F(u,v) \times \cos\left\{(2x+1) \times \frac{u}{16}\pi\right\} \cos\left\{(2y+1) \times \frac{v}{16}\pi\right\}$$

の式で示される、離散コサイン変換とは逆のプロセスを行うことになる。例えば、図 2.8 の Chen のアルゴリズムの例では、右端から離散コサイン変換係数を入力し、図中の矢印とは逆方向に進み、左端において復号された画素ブロックの信号を得ることができる。

2.3.6　簡単な画像での離散コサイン変換の例

実際のテレビ画像から取り出した画素ブロックは、かなり複雑なものであるが、ここでは簡単な画素ブロックの例を設定して、離散コサイン変換結果がどのようなものであるかを確かめてみる。

図 2.9 の例は、画面の縦方向に伸びた縞模様の例である。a)の画素ブロックをみると、図 2.6 の規定画像パターンの1行2列目の u=1、v=0 のパターンによく似ていることがわかる。はたして、変換後の係数の中で F(1,0)がずば抜け

a)　縦縞状の画素ブロック

x=0	1	2	3	4	5	6	7
y=0　255				0			
1							
2							
3							
4							
5							
6							
7							

→ DCT

b)　離散コサイン変換後の係数値

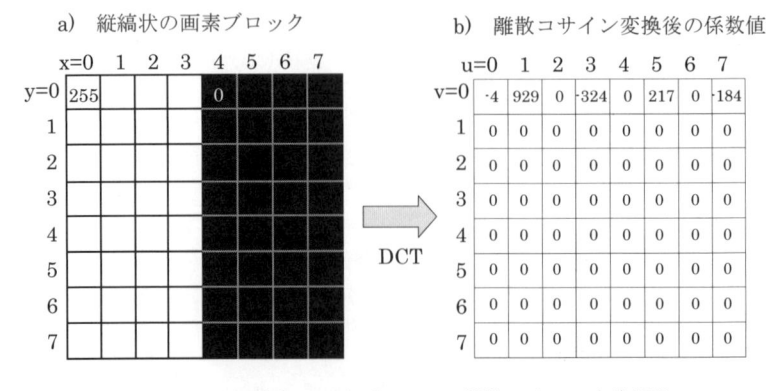

u=0	1	2	3	4	5	6	7
v=0　-4	929	0	-324	0	217	0	-184
1　0	0	0	0	0	0	0	0
2　0	0	0	0	0	0	0	0
3　0	0	0	0	0	0	0	0
4　0	0	0	0	0	0	0	0
5　0	0	0	0	0	0	0	0
6　0	0	0	0	0	0	0	0
7　0	0	0	0	0	0	0	0

図 2.9　縦縞状の画素ブロックの離散コサイン変換係数

第2章 動画像のデータ量を圧縮する－高能率符号化技術－

て正の高い値を示している。この例のような画素ブロックでは、縦方向には、濃淡の変化はないため、v=1～7までの係数値はすべてゼロになっている。

図 2.10 の例の画素ブロックは、図 2.9 の例とは逆に、やや複雑な横縞状の画素ブロックの場合である。基底画像パターンでは、u=0、v=1 のパターンと極めてよく似ているので、当然ながら係数 F(0,1)の出力が極めて大きい。また、この例の画素ブロックでは、横方向には濃淡の変化は全くないので、u=1～7までの間の係数値はすべてゼロである。

a) 細やかな横縞状の画素ブロック

x=	0	1	2	3	4	5	6	7
y=0	255							
1	219							
2	183							
3	147							
4	110							
5	73							
6	36							
7	0							

b) 離散コサイン変換後の係数値

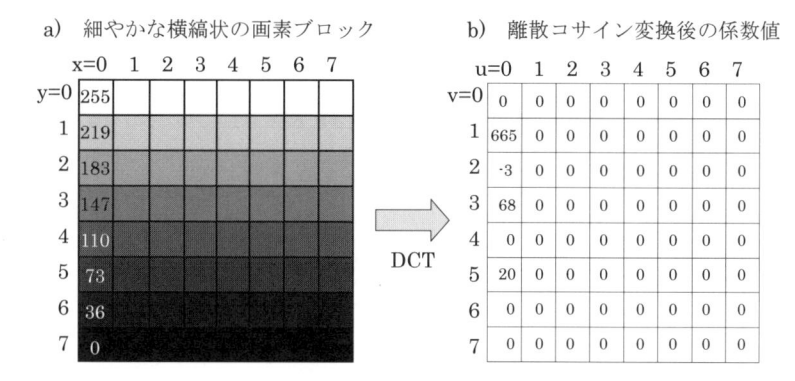

	u=0	1	2	3	4	5	6	7
v=0	0	0	0	0	0	0	0	0
1	665	0	0	0	0	0	0	0
2	-3	0	0	0	0	0	0	0
3	68	0	0	0	0	0	0	0
4	0	0	0	0	0	0	0	0
5	20	0	0	0	0	0	0	0
6	0	0	0	0	0	0	0	0
7	0	0	0	0	0	0	0	0

図 2.10 細やかな横縞状の画素ブロックの離散コサイン変換係数

図 2.11 は、現実の画像ではほとんど存在しないと考えられるものの、最も細やかな市松模様の画素ブロックの例である。この画素ブロックと似ているものを基底画像パターンの中から見出せば、u=v=7 の場合のパターンである。しか

a) 市松模様の画素ブロック

b) 離散コサイン変換後の係数値

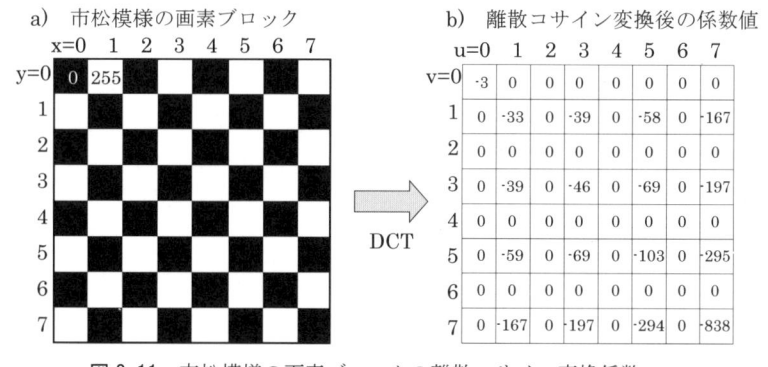

	u=0	1	2	3	4	5	6	7
v=0	-3	0	0	0	0	0	0	0
1	0	-33	0	-39	0	-58	0	-167
2	0	0	0	0	0	0	0	0
3	0	-39	0	-46	0	-69	0	-197
4	0	0	0	0	0	0	0	0
5	0	-59	0	-69	0	-103	0	-295
6	0	0	0	0	0	0	0	0
7	0	-167	0	-197	0	-294	0	-838

図 2.11 市松模様の画素ブロックの離散コサイン変換係数

し、よく調べると、濃淡が白黒反転している。この場合の離散コサイン変換係数は、F(7,7)の符号がマイナスの最大値を示していることがわかる。

図 2.11 の例はともかく、図 2.9 や図 2.10 の例は、実際のテレビ画像でも頻繁に出現し得るものであろう。この2つの例での離散コサイン変換係数の多くがゼロを示していることは、画素ブロックの画像データをそのまま送信するよりは、むしろ離散コサイン変換後の係数を送信するほうが、はるかにデータ量が少なくてすむことが感じ取れるであろう。離散コサイン変換係数と画素ブロックの画像データとは対をなしており、データの表現方法が濃淡の時間波形なのか、空間周波数の係数表現なのかの違いだけであるが、表すのに要するデータ量には著しく差があるのである。

2.3.7 得られた離散コサイン変換係数に重みを付ける

前節までの処理で、64 画素の画素ブロックの明暗のデータを画面縦横の空間周波数の強度を示す 64 個の離散コサイン係数に変えることができた。これらの 64 個の係数を、そのまま用いて以降の処理を行っても原理的には正しいが、人の視覚特性が空間周波数が高い領域（u および v が大きい領域）では、鈍感であることを加味すれば、高空間周波数領域の係数は、大きな数で割り算をして、相対的にウエイトを下げてしまうことが考えられる。このことは、後に可変長符号化を行い、さらにデータ量を削減する際にも効果的に作用する。

図 2.12 a）は、離散コサイン変換係数の一例を 8×8 の桝目中に記したものである。これらの係数は、同じ桝目の量子化テーブル中の同じ行、列の数値で割

a) 離散コサイン変換係数の一例

	u=0	1	2	3	4	5	6	7
v=0	332	-156	144	-8	2	2	1	1
1	-124	25	36	2	1	1	0	1
2	1	8	8	2	1	2	1	0
3	16	6	6	3	1	2	0	1
4	-8	3	2	0	-1	1	0	0
5	25	2	2	1	1	1	0	0
6	-2	2	1	2	0	1	0	0
7	1	2	1	-2	1	0	0	0

÷

b) 量子化テーブルの一例

	u=0	1	2	3	4	5	6	7
v=0	16	11	10	16	24	40	51	61
1	12	12	14	19	26	58	60	55
2	14	13	16	24	40	57	69	56
3	14	17	22	29	51	87	80	62
4	18	22	37	56	68	109	103	77
5	24	35	55	64	81	104	113	92
6	49	64	78	87	103	121	120	101
7	72	92	95	98	112	100	103	99

=

図 2.12 離散コサイン変換係数を量子化テーブルを用いて重み付けする

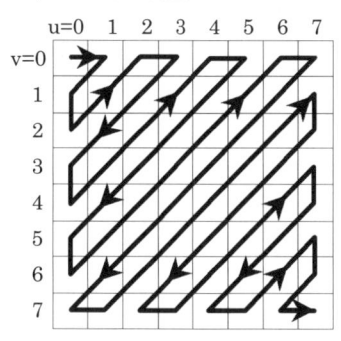

第2章 動画像のデータ量を圧縮する－高能率符号化技術－

a) ジグザグ走査　　　　b) オルタネート走査

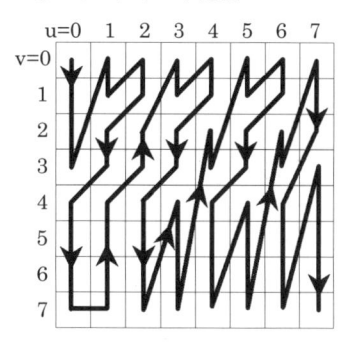

図2.13 重み付けした離散コサイン変換係数を並び替える順番

り算する。量子化テーブル中の数値は、空間周波数が高く、細やかになるほど大きくなるように設定されているため、割り算した結果は、低い空間周波数ほどウエイトが高くなる。

　ウエイト付けされた離散コサイン変換係数を、電波に載せて送信するためには、64個のデータを1列に並べ替える必要がある。MPEGでは、二種の並び替えの方法を規定している。並べ方がなぜ重要かといえば、この後の処理である可変長符号化によるデータ量低減を、より効果的に引き出すためである。

　図2.13 a) は、ジグザグ走査と呼ばれる、ひとつの並べ替えの順番を示している。矢印の順序に従って、重み付けされた係数を並べていく。b) はオルタネート走査といわれる他の方法を記している。これらのいずれを用いるかの選択は自由であるが、ジグザグ走査は、2.1.2項で述べた動画の2種の走査方式のうち、順次走査の方に適しており、オルタネート走査は飛び越し走査の場合に、データ量が少なくてすむといわれている。

　図2.14は、ジグザグ走査を用いて、重み付けされた離散コサイン変換係数を1行に並べた例を示している。図で0番目の係数 F(0,0) は、画素ブロックの全

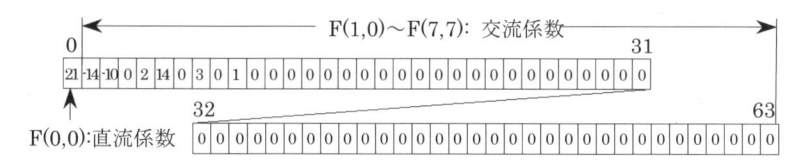

図2.14 重み付けした離散コサイン変換係数を1行に並べ替える

画素の濃淡の平均値であり、直流(または DC)係数として、他の $F(1,0)$ から $F(7,7)$ までの交流(または AC)係数とは、以降の処理では、別の取り扱いを受ける。

2.3.8 可変長符号化

1列に並び替えた離散コサイン変換係数は、最初にデータがいくつか並んだ後は、多分にゼロの間にデータが挟まったものになる。データの符号長さ方向の冗長度を減少するようにした符号は**エントロピ符号**または**可変長符号**(VLC: Variable Length Coding)と呼ばれている。MPEGでは、出現確率の大きいデータは短い長さの符号に置き換え、逆にめったに現れないデータは長い符号に置き換えて、符号全体のデータ量を少なくするという、**ハフマン符号化** (Huffman Coding) を取り入れている。

図2.14に示した下の例

(21),-14,-10, 0, 2,14, 0, 3, 0, 1, 0, 0, 0, 0, 0, 0, 0, 0, 0, 0, 1, 0, 0, 0…

を最初の直流係数(21)は後回しにして、交流係数の部分を[係数の前にあるゼロの個数, 係数値]の表現に書き替えれば、

[0,−14], [0,−10], [1,2], [0,14], [1,3], [1,1], [11,1], [ブロック末尾]

のようになる。次に表2.2を参照して、同じゼロの個数と係数値に対応する可変長符号をひろい出せばよい。1画素ブロックの終わりは"01"で締めくくる

表2.2 二次元ハフマン符号化テーブルの一部

係数の前にある0の個数	係数値	可変長符号
0	(ブロックの末尾)	10
0	1	1s または 11s
0	2	0100s
1	1	011s
1	2	0001 10s
1	18	0000 0000 0001 0000s
2	1	0101s
2	2	0000 100s
9	1	0000 101s

ことになる。表 2.2 は交流係数の置換に用いるための二次元ハフマン符号テーブルと呼ばれており、その一部分を抜粋したものである。表中の s は係数値が正のとき 0 に、負の場合は 1 にする。

　直流係数については、交流係数とは異なる処理を行う。多くの場合、直流係数は、比較的大きな値をとるので、係数自体よりは、前の画素ブロックの直流係数からどれだけ変化したかの差分値を見出し、表 2.2 とは別のテーブルを用いて可変長符号化するほうがデータ量を少なくする点でよいからである。

　これまで述べてきた離散コサイン変換と可変長符号化により、所要データ量は圧縮しない場合に比べて 1/10 程度には減少した。しかし、これだけではアナログテレビより伝送帯域がまだ過大になり、さらに減らす努力が必要である。

2.3.9 動画のデータ量を減ずるには

　これまで述べてきた画像の高能率符号化の手法は、静止画像でも共通に取り得るものであり、この限りでは、JPEG でも MPEG でも大勢において同様なものである。テレビ画像はもちろん動画であり、動画そのもののデータ量削減に取り組まないと、デジタルテレビ放送が実現しないことになる。

　MPEG では、動画の連続した 15 コマのうちの 1 コマのみをひとつの静止画面としてとらえ、前節までに述べてきた JPEG 流の処理を行う。そして、その他の 14 コマは被写体の動きを予測して、仮に作成した予測画像と、実際の動画像とを比較し、その差である各コマごとの**差分画像**について、ここまで説明してきたデータ量圧縮手段を適用する方策をとっている。動きの予測がぴったりあえば、差分画像は一面のグレー画面となり、そのデータの量は極めて小さい。いかに予測画面をつくるかが、動画のデータ量削減の鍵になる。

　図 2.15 は、予測画像について説明したものである。図中①を付したコマを除いた、処理の順番に番号を付けた 2〜14 コマまでは、実際の動画像のコマではなく、動きを予想してつくりだした予測画像である。予測画像には 2 種類あって、4、7、10 および 13 コマ目は①コマをベースにして、矢印のように時間的に後になるコマの動きを、一方向に予想してつくりだした **P ピクチャー** (Predictive-coded picture) と呼ばれるものが、そのひとつである。ちなみに、基準として用いた①のコマは、**I ピクチャー** (Intra-coded picture) と称される。もうひとつの予測画像は、2、3、5、6、8、9、11、12、14 および

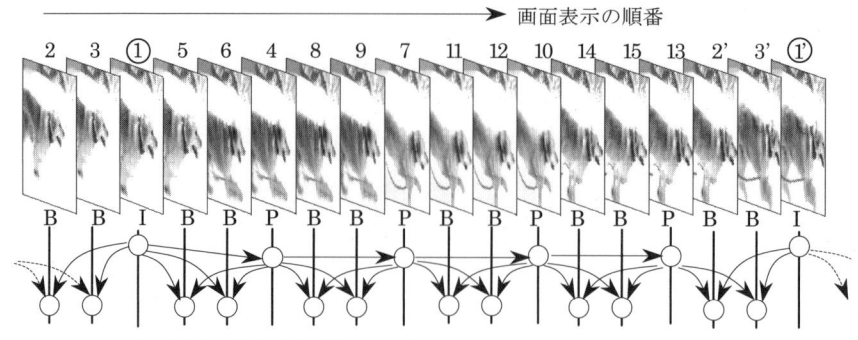

図2.15 動きを予測してつくるPピクチャーとBピクチャー

15コマの**Bピクチャー**（Bi-directionally predictive coded picture）と呼ばれるものであり、前後にあるPピクチャーまたはIピクチャーから両方向に動きを予測してつくりだした予測画像である。

　統計的にみて、かなりの激しい動きがある画面でも、その1コマの間の動きの量は高々15画素程度であることがわかっている。したがって、MPEGでは動きの予測方法として、16×16画素（＝4画素ブロック）のマクロブロック単位で動きを把握することにしている。また、動きの量の最小単位として、1画素では粗すぎるので半画素の0.5画素を単位としている。この0.5ピッチの画素は実際の画面には存在しない画素であるから、図2.16に示すように、縦、横の前後の実際の画素から演算で作成する。0.5ピッチの画素の値は、図中に記したように、前後の画素の明るさの値f(i)の単純な平均値から求める。

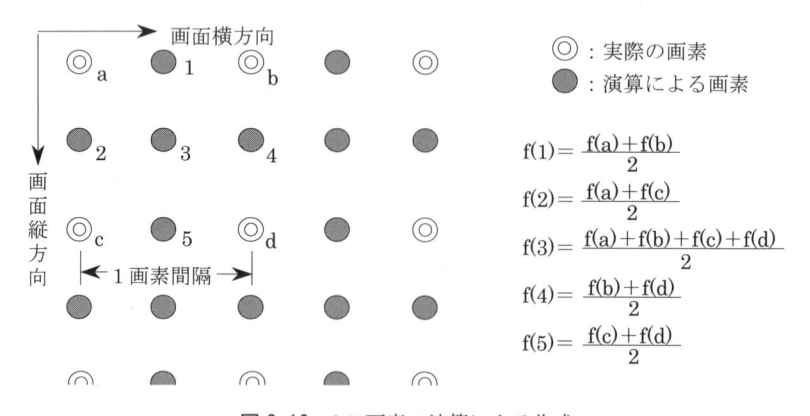

$$f(1) = \frac{f(a)+f(b)}{2}$$

$$f(2) = \frac{f(a)+f(c)}{2}$$

$$f(3) = \frac{f(a)+f(b)+f(c)+f(d)}{2}$$

$$f(4) = \frac{f(b)+f(d)}{2}$$

$$f(5) = \frac{f(c)+f(d)}{2}$$

図2.16　0.5画素の演算による作成

動きは、前後左右の4方向に、斜めの4方向を加えて、8方向で行う。この動いた方向と、動いた量の探索は、以前のコマと比較して、同じような画素値のブロックが、画面の上下、左右のどこにあるかを検知する、パターンマッチングと呼ばれる方法で行う。以前のコマとの差が最小になる位置を見付けたならば、その移動の方向が、動きベクトルとなる。このようにして、所定の時間前後の動きの量を計算できる。

予測の精度は、データ量削減のために重要である。MPEG-2では、プログレッシブ走査（順次走査）の場合の動き探索に加えて、インターレース走査（飛び越し走査）の場合の3種類の動き検知方法が定義されている。インターレース方式でも、2つのフィールドを合体した、プログレッシブ画面を内部的につくって行う場合はシンプルであるが、インターレースのままで動き検知を行うことを選択した場合は、やや複雑になる。

このように動きを予測して、2〜14コマの予測画像の作成が終わったら、次の15コマ単位の動画像について（①、2'、3'のみ図示）、同様な処理を繰り返す。次々につくられる予測画像は、図2.17のように、同一のタイミングの実動画像と比較され、両者の差である**差分画像**がつくられる。この差分画像に対して、離散コサイン変換などの処理を行う。

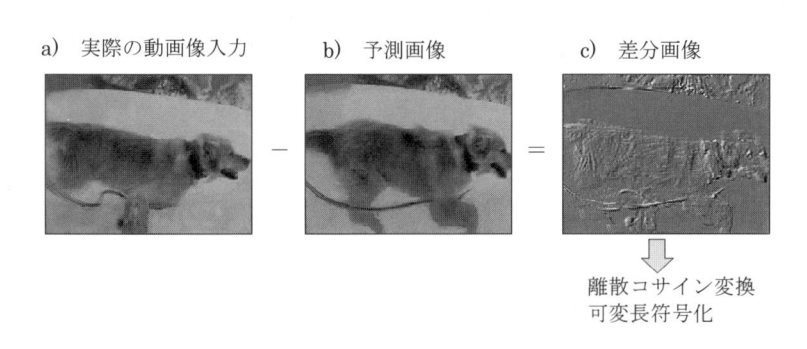

図2.17 実際の動画像入力と作成した予測画像の差の差分画像を離散コサイン変換する

このようなMPEGの動画処理により、動画像のデータ量を1/30〜1/40に減少させることができる。ここに至って始めて、デジタルテレビの伝送帯域は、アナログテレビのそれに遜色ないものとなった。受信機では、①のコマに関し

ては、そのまま符号化の逆の処理である**復号**（decoding）を行い、もとの時間軸の画像データに戻し、その他のコマについては、送られてきた離散コサイン変換などの処理を復号して得られた差分画像と、受信機内部で作成した予測画像から、動画像を図 2.17 とは逆の手順で再生すればよい。

2.3.10 デジタルテレビの画面規格と MPEG のレベル、プロファイル

2.1.4 項で述べたように、BS デジタル放送や地上デジタル放送の画面に関する規格は多彩なものであるが、これらの多くのバリエーションがあっても、MPEG-2 では、レベルとプロファイルと呼ばれるものを準備し階層化して対処している。これにより MPEG-2 は、ハイビジョンを含むテレビ放送やその番組製作のみならず、DVD やデジタル VTR などとも共通して使われるようになった。

デジタルテレビで用いられるプロファイルは、メインプロファイルと称される最も標準的なものが使用されている。レベルは、画面の解像度を定めている画素の数により階層化されている。精細度の高いハイビジョンは、ハイレベルの階層であり、標準テレビはメインレベルに属することになる。BS デジタルテレビ放送では、著しい豪雨に会うと電波が雨滴に遮られるため、本来の画面が消えてしまうことがある。豪雨に対する備えとして、BS デジタル放送では、放送内容が伝わる程度の縮小画像を、障害を受けにくい電波形式で常時放送し

表 2.3 デジタル放送の画面規格と MPEG

通称	横画素数×縦画素数	順次走査／飛び越し走査	MPEG でのレベル	MPEG でのプロファイル	略称
480I	640× 480 720× 480	飛び越し走査	メインレベル	メインプロファイル	MP@ML
480P	640× 480 720× 480	順次走査	メインレベル	メインプロファイル	MP@ML
720P	1280× 720	順次走査	ハイ1440レベル	メインプロファイル	MP@H-14
1080I	1920×1080	飛び越し走査	ハイレベル	メインプロファイル	MP@HL
1080P*	1920×1080	順次走査	ハイレベル	メインプロファイル	MP@ML
縮小画像	320× 240	順次走査	ロウレベル	メインプロファイル	MP@LL

＊：実証実験未了

ている。 この縮小画像には MPEG のロウレベルの階層が用いられる。

MPEG のレベルやプロファイルには、それぞれに呼称が付けられており、表 2.4 にその一覧表を記したように、MP@ML (Main Profile at Main Level) などと呼びならわされている。

表 2.4 MPEG のレベルとプロファイル

	シンプルプロファイル (4:2:0)	メインプロファイル (4:2:0)	SNRスケーラブルプロファイル (4:2:0)	空間スケーラブルプロファイル (4:2:0)	ハイプロファイル (4:2:2)	422プロファイル (4:2:2)
ハイレベル 縦：〜1920画素 横：〜1152画素		MP@HL 〜80Mbps			HP@HL 〜100Mbps	
ハイ1440レベル 縦：〜1440画素 横：〜1152画素		MP@H-14 〜60Mbps		Spt@H-14 〜60Mbps	HP@H-14 〜80Mbps	
メインレベル 縦：〜720画素 横：〜576画素	SP@ML 〜15Mbps	MP@ML 〜15Mbps	SNR@ML 〜15Mbps		HP@ML 〜20Mbps	422@ML 〜50Mbps
ロウレベル 縦：〜352画素 横：〜288画素		MP@LL 〜4Mbps	SNR@LL 〜4Mbps			

プロファイルの内容を簡単に説明すると、まず、メインプロファイルは、この章で述べてきたすべての処理を行うものである。これに対して、シンプルプロファイルは、動き補償のところで、B ピクチャーを用いないことにより、受信機のメモリーの削減を図ったものである。

また、MPEG-2 では 2 種のスケーラビリティをもつ適応型のプロファイルが準備されている。そのひとつは、SNR スケーラブルプロファイルであり、DCT の係数値を粗いレベルのデジタル量に変えるベースレイヤーと、細かく変換するエンハンスメント・レイヤーの 2 種を備えたものである。これを用いると、例えば、サービスエリアの末端では、ベースレイヤーのみを用いることにより、画面の階調が少し粗っぽいものの、ノイズがない受信ができるように考えられている。

他のひとつは、空間スケーラブルプロファイルであり、これは、画面の解像

度に対してスケーラブルにしたものである。このベースレイヤーでは、解像度の低い成分のみを伝送し、エンハンスメント・レイヤーでは、高い成分を伝送するような構造が取られている。これを用いると、小さな画面のテレビでは、本質的に高解像度の画面にはならないので、ベースレイヤーのみで復号するような選択が可能になる。その他のレイヤーは、放送素材制作用のプロファイルである。

　本章で説明してきた、DCT やハフマン符号化などの一連の符号化処理は、まとめて**情報源符号化**（Source Coding）と名付けられている。

第3章

デジタル信号を電波に載せる
－デジタル変・復調技術－

　デジタル化された画像データなどを電波に載せて、遠方の受信機まで届けるためには、変調という処理のプロセスを踏まなければならない。また、電波を受信した受信機では、変調とは逆の復調と呼ぶプロセスで、もとの画像データなどを再生する必要がある。本章では、送信側で行う変調処理のうち、実用されているものに絞って解説した。復調については、多くを述べていないが、変調の裏返しで理解されるものと信じている。

256QAM のコンスタレーション

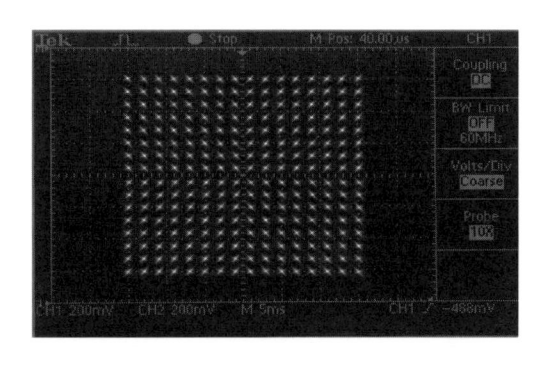

QAM と呼ばれる変調では、数値化された画像などのデータを写真の平面上の点のどれかにあてはめて伝送する。各点が夜空の星のように見えるところから、コンスタレーションと名付けられている。

3.1 デジタル信号を遠方に届ける変調技術

3.1.1 ベーシックな変調方式…AM 変調

　無線で情報を遠方に届けるために、**変調**という手段が通常用いられる。無線というからには、電波を輻射する送信アンテナと、空中から放送波をひろいあげる受信アンテナがあって始めて放送が成立する。デジタル化されたテレビの信号は、低周波から短波までの広い範囲をもっている。中波や短波の狭い周波数範囲の信号であれば、そのままアンテナに信号を載せることも可能であるが、テレビ信号のように広い周波数の広がりをもつ情報は、もっと高い周波数の電波に変換しないと、広帯域の信号のすべてを一様に送信することもできないし、また、多チャンネルの放送も不可能である。この変換を変調といい、このために用いる高い周波数を**搬送波**という。

　最もシンプルな変調の例は、AM ラジオやアナログテレビなどで用いられている **AM 変調**（Amplitude Modulation）である。AM 変調は、図 3.1 a)のような伝送するデータに変調度と呼ばれる 1 以下の係数 M を掛けたものと、b) の搬送波とを、掛け算することにより、c) の電波として発射される**変調波**を得るものである。この AM 変調をデジタルテレビで使用した例が、米国の地上デジタルテレビでは実際にあり、デジタル信号を 2^3 の 3 ビット 8 値を 1 単位として入力するところから 8VSB（8 bit Vestigial Side Band）と呼ばれている。ちなみに同時に伝送できる 1 単位のビット数、この場合の 3 ビットのことを、1 **シンボル**と称する。国内の地上デジタル放送では、これよりは多少複雑な形の変調が行われるが、これについては後述する。

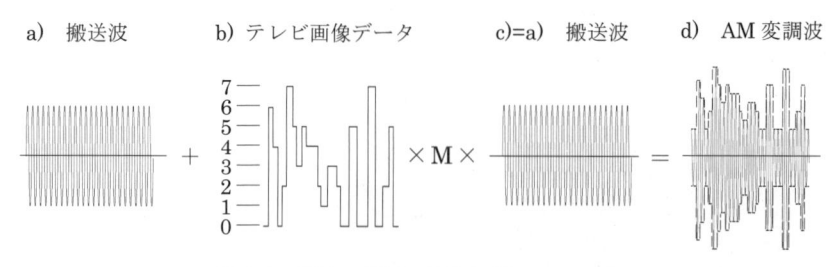

a)　搬送波　　　b) テレビ画像データ　　　c)=a)　搬送波　　　d)　AM 変調波

図 3.1　電波の振幅に情報を載せる AM 変調

第3章 デジタル信号を電波に載せる－デジタル変・復調技術－

　AM変調は、変調器が簡単ですみ、アナログ放送では広く用いられていた。しかし、よほどの強電界でないかぎり、電波雑音の影響を受けやすいことが欠点として挙げられる。AM変調をデジタル信号の伝送に用いた場合の呼び方として、**ASK**（Amplitude Shift Keying）と呼ばれることもある。

3.1.2　FM変調の利点を引き継いだPSK変調

　受信品位が良好な変調方式として、FM放送などと放送自体のネーミングとしても使われているのが**FM変調**（Frequency Modulation）である。FM変調は変調入力の"0"、"1"に対して、変調波の周波数が f_0、f_1 の異なった周波数に変化するような方式である。この変調方式は、電波の振幅方向には情報が関わっていないので、受信機で増幅した際、振幅を一定にするリミッター回路を設けることができる。その分だけ、振幅方向に乗っかる雑音の影響を受けにくい変調方式といえる。このように長所をFM変調はもっているが、デジタル回路は一定のクロックで動かすことが便利であり、FM変調の周波数が変化する性質は、これに反するので、デジタルテレビでは使用されていない。

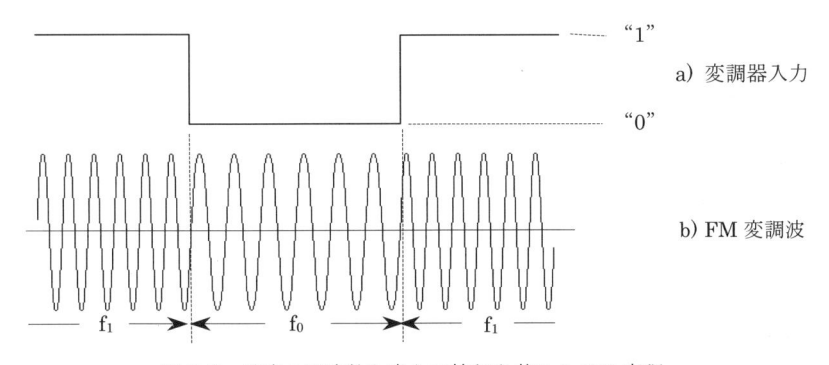

"1"
"0"
a) 変調器入力

b) FM変調波

f_1　　f_0　　f_1

図 3.2　電波の周波数を変えて情報を載せるFM変調

　FM変調の利点をそのまま引き継ぎ、デジタル回路とも相性がよい変調方式が**フェーズ・シフト・キーイング**（PSK：Phase Sift Keying）である。PSK変調のうち最もシンプルなものは**BPSK**（Binary PSK）であり、図3.3に示すように、変調器への入力の"0"、"1"に応じて、搬送波の波の位相を0度と180度に反転するものである。図3.4は左図にこれらの波形を、右図に波の1周期に円周上を一巡するように表し、波の位相角を円周上にプロットできるように

"1"
a) 変調器入力
"0"

b) PSK 変調波

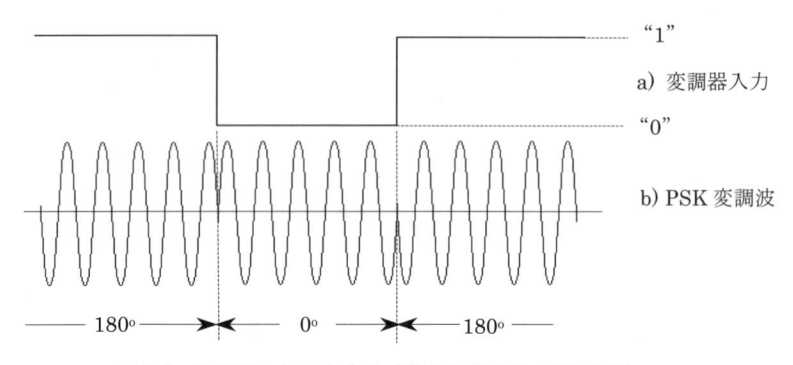

180° 0° 180°

図 3.3 搬送波の位相を変えて情報を載せる PSK 変調

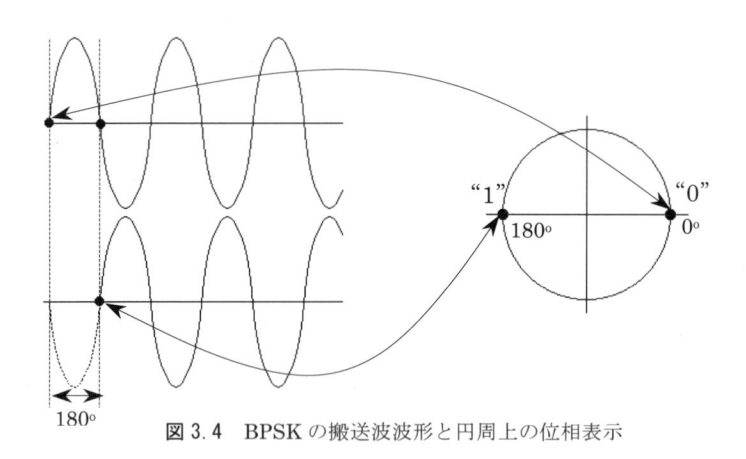

"1" "0"
180° 0°

180°

図 3.4 BPSK の搬送波波形と円周上の位相表示

したものである。180 度の位相のずれは、半周期に該当するので、BPSK の 0 度と 180 度位相がずれた波は、右図では、横軸上の対極に位置している。

　BPSK の場合、一時に伝送可能な情報量は "0" か "1" の 2 種類でしかない。しかし、送れる情報量は小さい代わりに、降雨などの障害や雑音に対して信頼性高く受信できる。そのため、PSK 変調を多く利用している BS デジタル放送の中でも、特に信頼性が要求される TMCC（Transmission and Multiplexing Configuration Control：伝送制御信号）などの変調に採用されている。BPSK の情報伝送量を 2 倍にしたものが**直交位相変調**（QPSK：Quadrature Phase Shift Keying）である。図 3.5 は QPSK を説明した図である。QPSK は同時に、

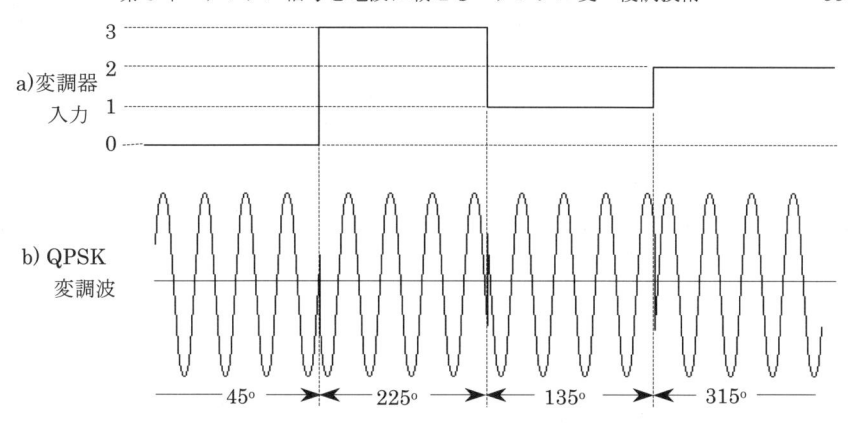

第3章　デジタル信号を電波に載せる－デジタル変・復調技術－

a) 変調器入力

b) QPSK変調波

45°　225°　135°　315°

図 3.5　QPSK変調の入力と対応した変調波形

変調器への入力として 0 から 3 までの 4 値（$=2^2$）を受け入れることができる。このことを 1 シンボルは 2 ビットであるとも表現できる。QPSK の変調波は、2 つの直交した搬送波（45 度および 135 度）を、前述した BPSK 変調したものとも考えられるが、結果として "0"、"1"、"3" および "2" を送信したいとき、搬送波の位相を 45 度、135 度、225 度および 315 度ずらせて送信すればよいので、これらの位相は、図 3.6 のように直交した 2 つの軸、I 軸と Q 軸にそった位相をもつ波、すなわちサイン波とコサイン波を、等振幅で同相または逆相で合成することにより簡単につくり出すことができる。次項では、これらを式を用いて説明する。なお、数値と位相角と順番が整然と並んでいないのは、受信時の数値誤りを軽減する目的で、隣り合う部分の "0" と "1" をひとつ反転しないと同じにならない**グレイ符号**（Gray code）を用いたためである。

それぞれの数値を表す搬送波の位相角を円周上にプロットした図からは、星

1 (= "01")　　0 (= "00")

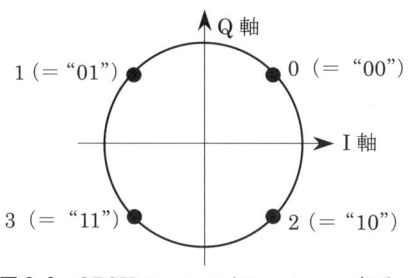

Q 軸

I 軸

3 (= "11")　　2 (= "10")

図 3.6　QPSK のコンスタレーション表示

座が連想されるため、**コンスタレーション**表示といわれている。QPSK 変調は、衛星通信などによく用いられている。CS デジタル放送のスカイパーフェク TV の放送もそうである。BS デジタル放送では、ハイビジョン（HDTV）を伝送するのに、高いビットレートが必要であり、中程度の伝送能力しかない QPSK は使えない。ただし、HDTV の画面が降雨のため駄目になった際に、サイズや解像度を落した縮小画面を常時送信して、放送内容は伝わるようにする目的には、QPSK が利用されている。

3.1.3 PSK 変調の実際

上述の QPSK の変調は、次のようにして行うことができる。まず"0"を送信するには、変調波の時間波形 $e_0(t)$ は、

$$e_{"0"}(t) = \sin(2\pi ft) + \cos(2\pi ft) = \sqrt{2}\cos[2\pi ft + 45°]$$

とすればよく、続いて"1"、"2"と"3"の場合も、それぞれ

$$e_{"1"}(t) = \sin(2\pi ft) - \cos(2\pi ft) = \sqrt{2}\cos[2\pi ft + 135°]$$

$$e_{"2"}(t) = -\sin(2\pi ft) + \cos(2\pi ft) = \sqrt{2}\cos[2\pi ft - 45°]$$

$$e_{"3"}(t) = -\sin(2\pi ft) - \cos(2\pi ft) = \sqrt{2}\cos[2\pi ft - 135°]$$

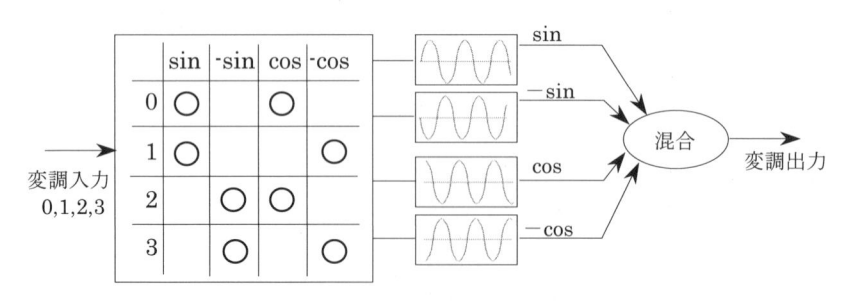

図 3.7　QPSK 変調器の例

のようにしてそれぞれの変調波になる時間波形をつくりだすことができる。これらの波形は、図 3.7 のように、入力の数値に応じてサインやコサインの極性を切り替える、比較的に簡単な回路で実現することができる。

PSK の種類の中で、最も高いビットレートの伝送能力をもつのが、図 3.8 の

第3章 デジタル信号を電波に載せる－デジタル変・復調技術－

ような8つの位相を用いる 8 相 PSK（8PSK）である。BS デジタル放送では、放送衛星の 34.5 メガヘルツ帯域のトランスポンダ（中継器）に、2 チャンネル分のハイビジョン番組などを収納するために必要な約 51 メガビット/秒のビットレートを引き出すのには、8PSK の適用が必須であった。8PSK は 90 度位相が違う2つの搬送波を合成して、搬送波の位相を8とおりに変化させ、1シンボル3ビットの、0から7までの8種（$2^3=8$）のデータを同時に伝送することが可能になる。しかし、高シンボルレートの伝送を行う分、雑音などの影響を受けやすくなることは否めない。

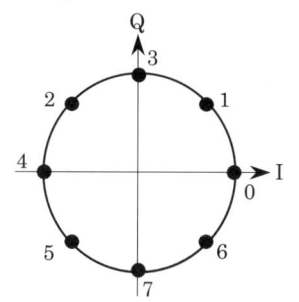

図 3.8　8PSK のコンスタレーション表示

3.1.4　前のデータとの増減により、搬送波の位相を変化させる DPSK 変調

前項で述べた PSK 変調は、前のデータとは無関係に、現在のデータの数値に応じて搬送波の位相を変化させる変調方式であった。この PSK 変調から、もとの情報を取り出すためには、搬送波の周波数に一致し、かつ、位相も同期した周波数の波を受信機側で発生させる必要があり、このための安定度がよいフェーズ・ロックド・ループ（PLL : Phase Locked Loop）などの回路が必要であった。

DPSK（Differential PSK）は、前のデータを保持し、現在のデータと前のデータとを比較し、この増減に応じて搬送波の位相を変化させる変調方式である。最も簡単な DBPSK（Differential BPSK）の場合、前のデータも現在のデータも"0, 0"や"1, 1"のように変化がないときには"0"を出力することにして、"0, 1"や"1, 0"のように前のデータと現在のデータが違ったときには"1"を BPSK 変調器に出力する（表 3.1）。図 3.9 は、この図にかかる以前のデータ

表 3.1 DBPSK の真理表

前の データ	現在の データ	変調器 入力
0	0	0
0	1	1
1	0	1
1	1	0

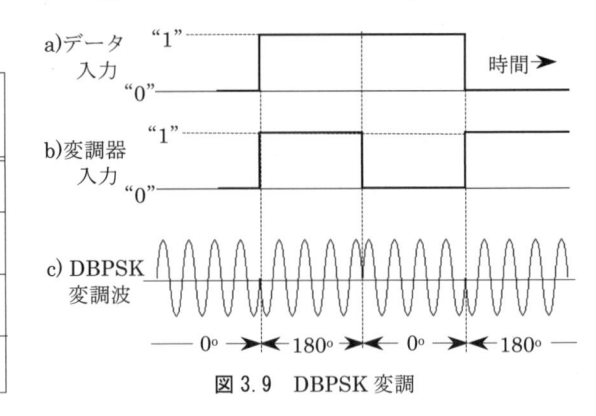

図 3.9 DBPSK 変調

が"0"であったとして、データ入力、変調器への入力と DBPSK 変調波を示したものである。

DBPSK や DQPSK は、そのシンプルさから、移動体通信などに使われることが多い。地上デジタル放送では、TMCC などの重要な制御信号には DBPSK が用いられる。また、移動体向け放送では、DQPSK を変形した π/4 シフト DQPSK が用いられる。QPSK では変調波の位相が、135 度から 45 度に変わったときなどに、コンスタレーションの原点を通過するので、変調波の振幅がゼロからフル振幅の間を変化する。π/4 シフト DQPSK は、搬送波の位相を周期的に 45 度シフトさせることにより、振幅変化を少なくするように工夫したものである。π/4 シフト DQPSK のコンスタレーションは、図 3.10 のように、8QPSK のものと同じになるが、復調時にシフトを解けば通常の DQPSK と同じになる。

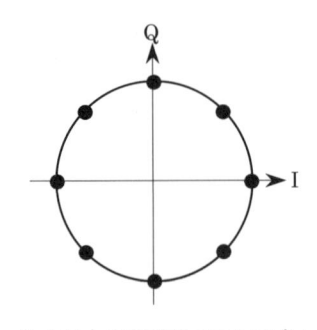

図 3.10 π/4 シフト DQPSK のコンスタレーション

第3章　デジタル信号を電波に載せる－デジタル変・復調技術－　　59

3.1.5　互いに90度ずれた搬送波によるQAM変調

　ある周波数の搬送波と、この搬送波の位相を90度シフトした別の搬送波のそれぞれの振幅方向に、それぞれ異なる情報を載せた（ASK変調した）場合、これらの情報は互いに入り混じることなしに取り出し得る。このことを簡単な例を用いた図で説明する。図3.11 a)のような振幅がAの搬送波と、b)のこれより位相が90度異なる振幅Bの搬送波の2つが混合されて送信されたとする。送信側の変調とは逆の処理で、受信側で変調波から、もとの情報を取り出すことを**復調**という。この例の場合、復調のために、これら2つの搬送波に同期した復調用の同期波形をつくりだす。

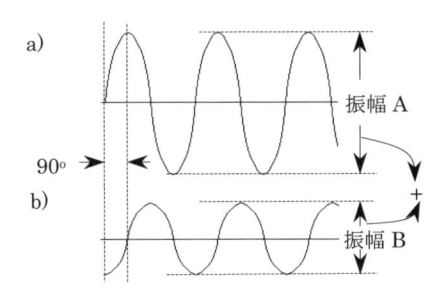

図3.11　90度位相が異なる2つの搬送波

　図3.12において、一方の同期波形をa_0、90度位相がずれている方の同期波形をb_0としている。入力は大きさがAのaの波とこれより90度位相が異なり大きさBのbの波であり、復調はこれらの入力と同期波形の4つを掛け算することにより行われる。乗算には、$a \times a_0$、$a \times b_0$、$b \times a_0$および$b \times b_0$の4つの場合があり、図3.12中にこれらの掛け算の結果を示してある。

　乗算$a \times a_0$の結果は、大きさがA/2のすべてプラスの方向に振れた波形が得られ、この波形を平均化することにより、Aに比例した復調出力が得られる。ところが、$a \times b_0$の結果からは、図中に網かけして示したように、プラスに振れる部分の面積とマイナスに振れる部分の面積が相等しく、この波形を平均化したとき、その出力はゼロになってしまう。同様に、$b \times a_0$の出力はゼロであり、$b \times b_0$の出力からはBに比例したものが得られる。結果として、$a \times a_0$、$b \times b_0$の互いに位相が合ったもの同士の乗算のみ出力があり、その他の組み合わせでは出力がゼロということになる。このように、90度互いに位相がずれた2

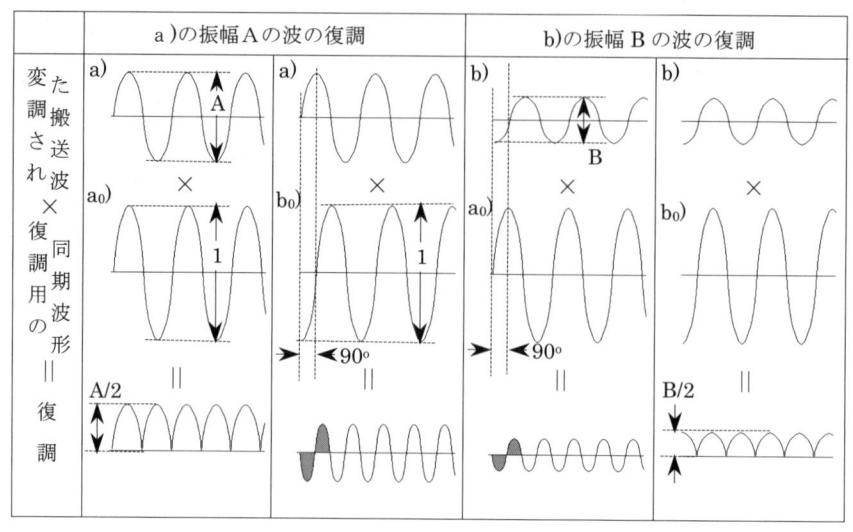

図3.12 直交変調の乗算検波による復調

　2つの変調波は、同じ周波数であっても、互いに独立して用いることができ、相互に干渉し合うことはない。このことを直交性があるといい、この原理を変調に用いる場合、**直交変調**という。また、変調波と位相を合わせた同期波形を掛け算して復調することを、同期検波または乗算検波と称している。

　説明が長くなったが、直交変調はアナログテレビのカラー回路で、ひとつの色搬送周波数（3.58 メガヘルツ）に赤系統（R-Y）の色信号と青系統（B-Y）の色信号の2つを AM 変調する方式として、古くから使用されていた。搬送波の2つの位相のうち、通常、0度のものをI軸、90度のほうをQ軸と呼んでいる。デジタルの場合にも、以下に解説するように、直交変調を活用することが可能である。デジタル変調に用いた場合、特に QAM（Quadrature Amplitude Modulation）の名前で呼ばれる。

　QAM にも階層があり、振幅方向に載せる情報の段数により、16QAM、32QAM、64QAM、256QAM などが使い分けられる。16QAM の場合、I軸、Q軸の搬送波とも、2値の AM 変調と2軸のフェーズ・シフト・キーイング（BPSK）とを組み合わせて、都合、4値の変調を行う。この結果、I軸、Q軸のそれぞれの4値の組み合わせにより、16（=2^4）値、1シンボル4ビット

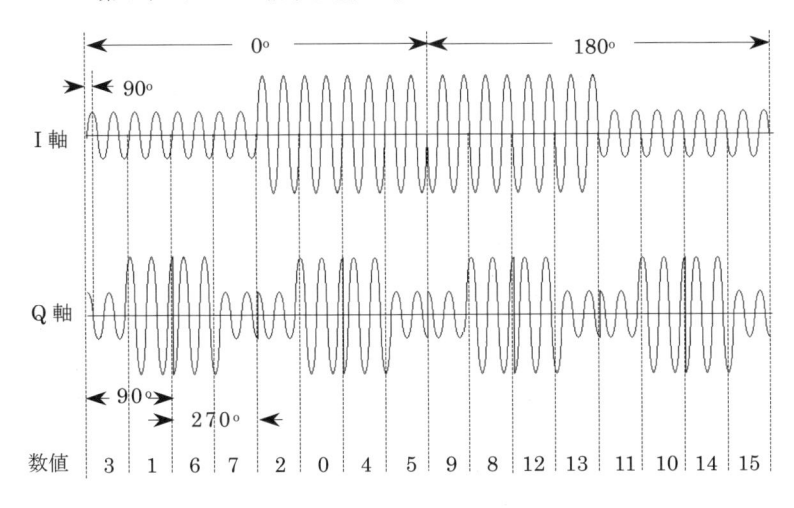

図 3.13　16QAM の波形と数値

の情報が変調可能である。図 3.13 は、16QAM の各数値と波形を示したものである。図 3.14 は、16QAM と 64QAM をコンスタレーション表示したものである。なお、256QAM コンスタレーションは本章の最初の部分に写真を掲載している。

16QAM の AM 変調部分のみを 4 段階、8 段階と増していけば、同時に送信できるビット数が 64（$=2^6$）ビット、256（$=2^8$）ビット（それぞれ 1 シンボルが 6 ビット、8 ビット）と飛躍的に増加する。多値の QAM は、情報伝送量が大きいので、CATV など比較的に伝送条件がよい場合に、よく使用される。

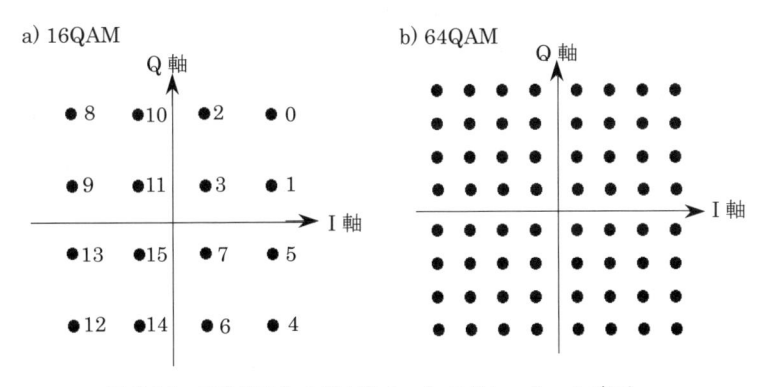

図 3.14　16QAM と 64QAM のコンスタレーション表示

しかし、256QAM は I 軸、Q 軸とも、振幅方向が 8 段階の AM 変調になり、よほど伝送条件がよくないと、波形歪などによる伝送エラーを発生する恐れがある。したがって、これはまだ将来の課題にとどまっており、あまり実用に供された例はない。デジタル CATV では、もっぱら 64QAM が利用され、6 メガヘルツのアナログ CATV のチャンネルをそのまま流用して、約 32 メガビット/秒のデジタルテレビ放送の再送信やインターネット伝送などが行われている。また、後述のように地上デジタル放送では、16QAM、64QAM が、次に述べる OFDM の前の変調手段として実際に用いられる。

3.2　新しい多重変調方式…OFDM

3.2.1　OFDM とは

　大規模な IC が比較的に廉価で使えるようになって始めて、実用化できるようになった変調方式に**直交周波数分割多重**（OFDM：Orthogonal Frequency Division Multiplex）がある。厳密にいえば、OFDM は変調ではなく、多重化変換の部類に入れられるべきものであるが、ここでは変調として取り扱うことにしたい。OFDM を一口にいい表せば、一般の変調方式がひとつの周波数の搬送波にすべての情報を載せるのに対して、OFDM は多数の搬送波を用いて、これらの搬送波の個々には少しずつの情報を載せ、多数の搬送波全体としては大きな情報の伝送を可能にする変調方式である。これを貨物の海上輸送にたとえて、一般の変調を巨船によるコンテナ運搬方式とすれば、OFDM は、コンテナを 1 個ずつ積載した小さなハシケを何隻も連結し、組織したハシケ船団により、同量のコンテナを運搬することに比喩される。

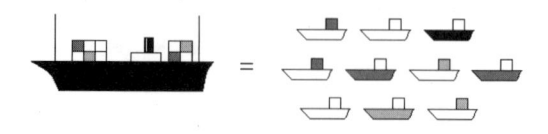

図 3.15　OFDM をたとえればハシケ船団に

　このように多数の搬送波を用いた**周波数分割多重**（FDM）は、古くから各種の業務用通信ではよく用いられてきたが、これは多数の多重された搬送波の間

第3章 デジタル信号を電波に載せる－デジタル変・復調技術－

で、混信や相互干渉を起こさないように、搬送波の間に余裕をもたせた十分な間隔が必要であった。OFDMでは以下に述べるような、搬送波間の性質を利用し、密度高い伝送を行っている。図3.16において、T_S はデジタル信号の信号を載せる**シンボル期間**Δf を隣接する搬送波間の周波数の間隔とする。OFDMでは、このΔfの間隔で無数の搬送波を設定することができる。このとき、

$$\Delta f = \frac{1}{T_S}$$

になるように、選んでおけば、搬送波間の相互干渉がない。

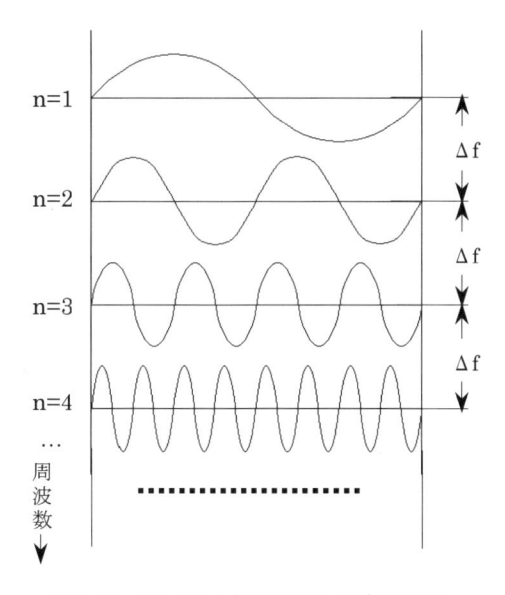

図3.16 OFDMの信号期間と周波数間隔

図3.16のn=1の搬送波とn=2の搬送波を例にとって、回路の歪みなどに起因する混信について考えてみる。これには両者の搬送波を掛け算し、結果をT_Sの期間で平均化してみる。まず、図3.17 a) は希望する搬送波をn=1として、この搬送波同士の掛け算結果をハッチングして示したものである。当然ながら、掛け算した結果をT_S期間内で平均した場合、ゼロでない出力がある。

これに対して、図3.17 b) はn=1の希望搬送波と妨害波であるn=2の搬送波を掛け算したものであるが、結果はハッチングした面積同士が打ち消し合い、T_S期間内の平均値はゼロである。これは、自分自身以外の、どの搬送波につい

a) 希望搬送波同士の掛け算　　　b) 希望波と妨害波の掛け算

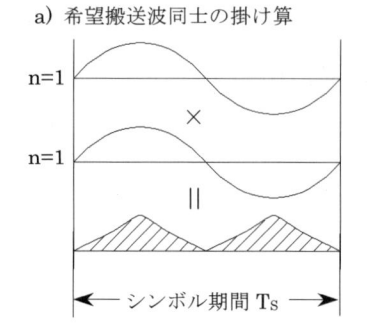

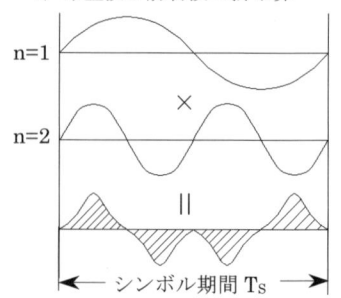

図 3.17 搬送波同士の掛け算

ても同様な結果になる。以上述べたことを数式で表現すれば、

$$\int_0^{T_s} \{\sin(2\pi \times j\Delta ft) \times \sin(2\pi \times k\Delta ft)\}dt = 0 \quad (j \neq k)$$
$$\neq 0 \quad (j = k)$$

ということになる。このことから多数の搬送波は、互いに他の搬送波には妨害を与えることはなく、それぞれの搬送波は独立しているといえる。これを称して、それぞれの搬送波には直交性があるともいう。

　搬送波が変調されている場合にも、同様に、これら多数の搬送波は直交性があり、同様に他の搬送波に妨害を与えることはない。この理由の説明には、2.2.2項で説明したフーリエ変換（31ページ）にさかのぼって考える必要がある。デジタル信号の一般的性質として、図 3.18 a) のような時間波形を、各周波数成分とその係数で表した (2.1) 式の a_n もしくは b_n は、周波数成分が高周波になるにつれて、b) 図のように、その係数が周波数成分の次数に反比例して小さくなり、やがてゼロに収束することがわかる。そして、b) 図中の 1/T、2/T、…のように、周波数成分が存在しない係数がゼロの部分が周期的に出現することがわかる。図のように、周波数成分の周波数特性をグラフ化して表したものを**周波数スペクトラム**という。

　このようなデジタル波形を、周波数変換した場合には、その周波数スペクトラムは、図 3.18 b)図の形を、左右対称に展開した形になる。同時に、図 3.19 a) に示すように、この周波数の空白域も上下の周波数域に展開される。

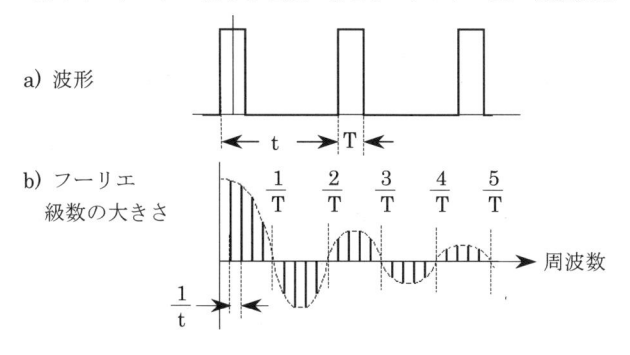

第3章 デジタル信号を電波に載せる－デジタル変・復調技術－

a) 波形

b) フーリエ
級数の大きさ

図 3.18 デジタル波形の周波数スペクトラ

a) OFDM 1 波のみ

b) 多重された OFDM 波

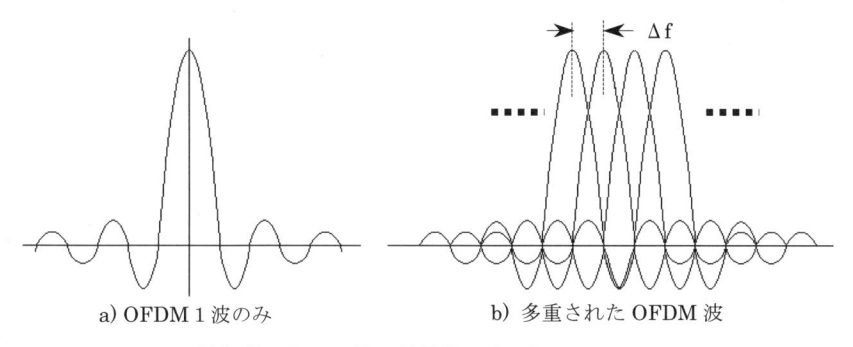

図 3.19 OFDM 波の周波数スペクトラム

OFDM は、このような空白域の間隔が Δf になるようにシンボル期間 T_S を設定すれば、Δf の周波数間隔で、たくさんの高調波が生成される。この多くの高調波は、そのまま OFDM の搬送波として用いる。そうすれば、これらの搬送波間で、それぞれの周波数成分がじゃまし合うことがないので好都合である（これも直交性があると表現する）。図 3.19 b) は、Δf（$=1/T_S$）の周波数間隔で配置され、多重化された OFDM 波の一部分のスペクトラムである。実際には、OFDM は数百から数千の搬送波になるように、T_S が設定されることが多い。OFDM に掛ける前の変調に、デジタル変調を用いた OFDM を、COFDM（Coded OFDM）と呼ぶ場合がある。

3.2.2 周波数変換された OFDM 波

OFDM の多重変調波はテレビの場合、おおむね数メガヘルツの周波数の広が

りをもっている。このままでは放送電波にはならないので、放送されるチャンネルの周波数に合わせて、周波数変換を行う必要がある。周波数変換後のOFDM波は、基準周波数 f_0 の上下に、変換前のOFDM波と全く同じ周波数の広がりをもつことになる。

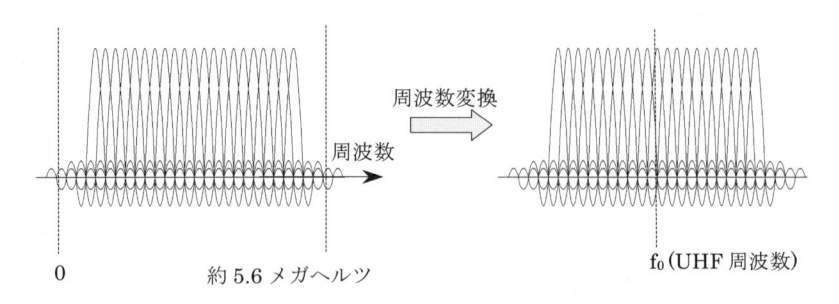

図 3.20 OFDM は放送チャンネルの周波数に変換される

　図 3.16 に示した OFDM 搬送波の周波数自体は、当然、周波数変換により、変化することになるが、変換後も、図 3.21 のように、基準周波数 f_0 を中心にして整然と Δf 間隔で多数の搬送波が再配列されていることに何ら変わりはない。

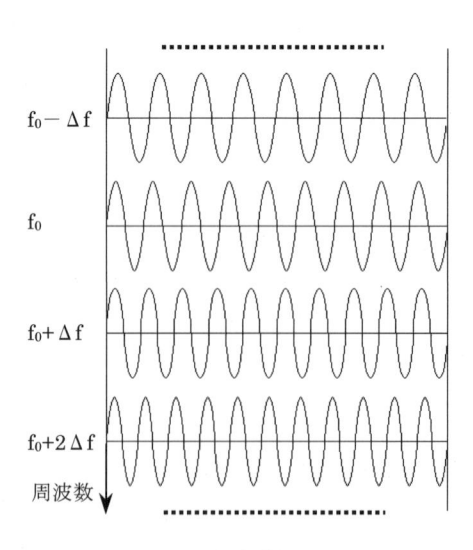

図 3.21 周波数変換後の OFDM 波

第3章 デジタル信号を電波に載せる－デジタル変・復調技術－

OFDM波は、テレビチャンネルのUHF帯周波数などにアップコンバートされても、変調波の周波数的な広がりは非常に小さいので、チャンネル端一杯に搬送波を設置できる利点をもっている。これは、Δfが通常は数キロヘルツ以下で用いられることが多く、周波数スペクトラムは、せいぜいその数倍にしか広がらないためである。

3.2.3 ゴースト妨害にも強いOFDM

アナログテレビでは、ビルの壁面、山岳や送電塔などの構造物から電波が反射された、時間的に遅れのある反射波が正規のルートの電波に混入し、受信画面に二重像などの障害を引き起こし、高画質での受信を妨げてきた。OFDM波は搬送波全体では、テレビの動画などの大きな情報を伝送し得るものの、個々の搬送波が受けもつデータ量は、搬送波の数で割った量であり、ひとつの搬送波だけをとらえれば、ごく低速度の伝送を行えばよいことになる。したがって、多少の反射波の誤情報が重畳されていても、これを受信機側で検知しないようにすることは比較的に容易である。

OFDMは、このように反射電波の影響を受けにくいが、さらに、テレビ放送にOFDMを応用する場合、シンボル期間の間に**ガード期間**（Δの記号で表される）と呼ばれる無信号の期間を設けている。テレビ画面の横方向の走査時間は標準テレビで約63.5×10^{-6}秒、ハイビジョンで約34×10^{-6}秒であるが、ガード期間は画面の横方向走査時間の1/2程度の約15×10^{-6}秒を下限に、有効シンボル期間の1/4から1/32の間に選ばれている。実際には、ガード期間中を無信号にする代わりに、有効シンボル期間の後半の信号を重複して送信している。なお、ガード期間を設けたことで、いままで用いていたシンボル期間は、改めて**有効シンボル期間**と呼ぶことになる。いずれにしろ、ガード期間中の反

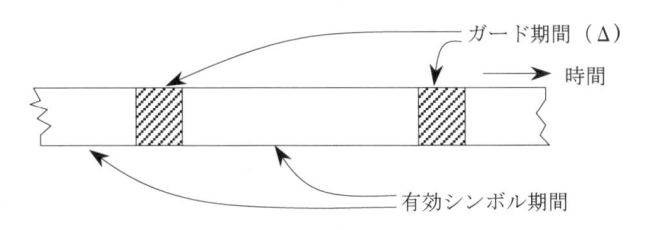

図3.22 ガード期間と有効シンボル期間

射波が重畳された受信波形と、有効シンボル期間のそれとを比較すれば、反射波の大きさや遅延時間を簡単に割り出すことができ、反射波をキャンセルすることができる。

3.2.4 BST-OFDMには、テレビ以外のいろいろなメディアが多重できる

アナログテレビはひとつのチャンネルにひとつのテレビ局の番組を載せれば、ほぼ満杯になり、わずかに残された隙間に音声多重放送や文字多重放送のような、少ない情報量のメディアを多重するのが関の山であった。OFDMでは多くの搬送波を用い、全体で最大23メガビット/秒の伝送が可能である。そのすべての伝送容量は、ひとつのメディアで占有せずに、搬送波群を分割して使用し、分割されたセグメントごとに異なった変調方式を選ぶことも可能である。すなわち、一部の群を用いて、移動体向け放送を行ったり、ひとつのセグメントのみを用いて狭帯域の音声やデータ放送を行うなどの、さまざまな受信形態に適した伝送方式を選択することができる。

このように、各種メディアが統合化されたサービス形態をISDB (Integrated Services Digital Broadcasting：統合デジタル放送) といい、地上デジタル

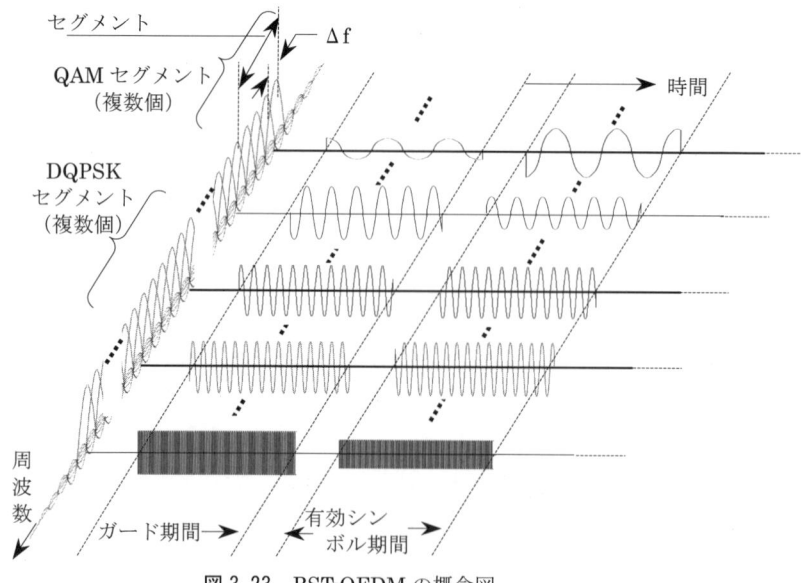

図 3.23　BST-OFDM の概念図

放送での ISDB を特に ISDB-T と称している。また、搬送波を複数集めてセグメント化し、セグメント単位で運用できるようにした OFDM を BST-OFDM(Band Segmented Transmission OFDM) と称している。図 3.23 は、BST-OFDM の概念を示した図であり、例えば、多数の搬送波よりなる QAM セグメントの群は固定受信用のテレビ放送に、DQPSK セグメントの群は、移動体向けテレビ放送や音声番組に利用されるイメージを示している。

3.2.5 同一チャンネルの近接置局が可能な SFN

　隣接する地域で複数の放送局がある場合に、同一内容の番組を放送する局は、同一周波数の同じチャンネルで放送されることが好ましいことはいうまでもない。実際にアナログテレビであった話で、かつて、東海地方などで同一チャンネルの他局が、同じ電波強度で届く地域があった。同一チャンネルの2局の間で、映像搬送波の周波数を微妙にずらせて、2局の周波数差による画面上の干渉縞が目立ち難くする試みが行われたりしたが、しょせんは高画質の受信は望み薄であった。実際には、地理的に混信の恐れがある場合は、中継局なども含めて異なったチャンネルになるように、チャンネルプランが行われているのが現状である。しかし、これでは有限の資源である電波の使い方としては、もったいない話である。チャンネルや周波数が隣接地域間で異なると、これらの地域をまたいで走行する車中で受信する際に、続きの番組を視聴しようと思えば、境界のところにさしかかった時点で、選局をやりなおす不便さもあった。

　アナログ放送時代のこれらの不合理さは、デジタル放送により、解消する方向にある。単一周波数ネットワーク (SFN : Single Frequency Network) と呼ばれる、同一内容の局が、地域をまたいで、同一チャンネルで放送できる可能性が開けてきたからである。この実現には、OFDM の採用が大きく寄与している。OFDM がビルなどの反射波による受信障害に強いことは前に述べた。これは親局の電波を受信し、同じチャンネルで再送信する中継局の場合にも、そのままあてはまる。この場合大変なのは、中継局の再送信用に増幅された電波を発射するアンテナと、親局の電波を受信するアンテナとの間で、まわり込み発振対策を講じることが必要である。従来アナログテレビの時代には、親局と中継局では、チャンネルをわざわざ変えてあったので、この問題は生じなかった代わりに、多くのチャンネル資源が必要であった。

厳密な SFN の考え方としては、部屋の中が同じ照度の照明に照らされ、少しの暗がりも生じないように、地域内のどの受信点でもあまねく、一様な受信強度で何らの障害もなく受信できることである。しかし、これを実現するためには、関係する複数の放送局の間で、周波数の管理のみならず電波の位相の厳密な制御が必要であり、また、中継局の数を増やすことをせまられる場合もあり、その経済性は必ずしも優れているとはいえない。

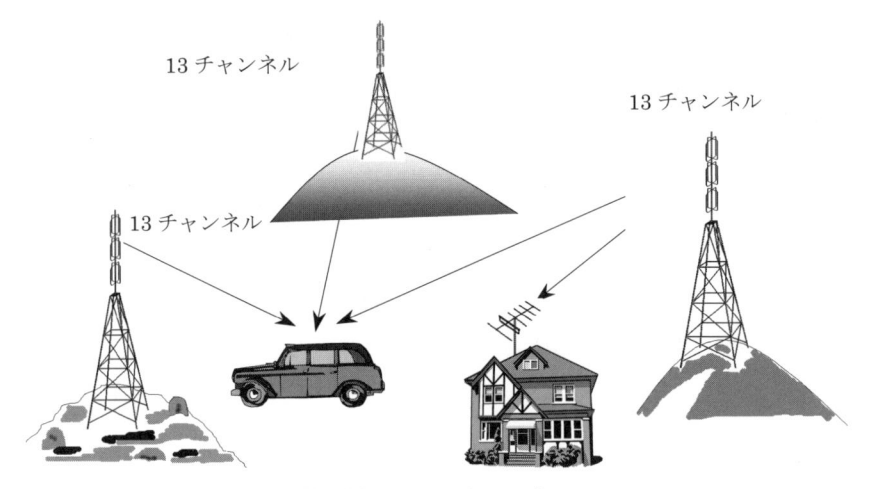

図 3.24　SFN のイメージ

デジタル放送のための UHF 帯のチャンネルプランでは、NHK 総合チャンネルはローカル番組がある点から、SFN の対象にはなっていない。NHK 教育テレビは、全国同一内容の放送が行われているが、チャンネルプランでは、必ずしも同一チャンネルには置局されていない。民放局は、同一のキー局に属する局でも、内容の共通性は全放送時間にわたってはいないし、CM も地域で異なるためか、置局はまちまちである。したがって、SFN が実現するのは、中継局などに限られることになる。

　SFN でない、多くのチャンネルを用いたネットワークは MFN（Multiple Frequency Network）と呼ばれ、主要な地上局はこの方法で置局されている。SFN は、テレビ放送の他、周波数がオーバーラップしている VHF 帯の 7 と 8 チャンネルの、現在使用されていない帯域を利用して、音声放送などをサービスする検討も進められている。

第3章 デジタル信号を電波に載せる－デジタル変・復調技術－

3.2.6 OFDM 搬送波の生成

　OFDMの多数の搬送波を個々に発生させるとすれば、大規模の回路が必要になり大変なことであるが、実はそうではない。図 3.25 は OFDM の低次の搬送波の部分を示しているが、a) の n=1 の場合の波形 $e_1(t)$ を数式で表現すると、前の 3.1.3 項の QPSK のシンボル "3" の場合に該当しており、

$$e_1(t) = -\sin(2\pi \times \Delta f t) - \cos(2\pi \times \Delta f t)$$

であり、単純である。同様に、b) の n=2 の場合も、シンボル "0" の

$$e_2(t) = \sin(2\pi \times 2\Delta f t) + \cos(2\pi \times 2\Delta f t)$$

となり、c)、d) の n=3、n=4 のケースも、シンボル "2"、"1" の際の

$$e_2(t) = -\sin(2\pi \times 3\Delta f t) + \cos(2\pi \times 3\Delta f t)$$

$$e_2(t) = \sin(2\pi \times 4\Delta f t) - \cos(2\pi \times 4\Delta f t)$$

のように表される。OFDM 波 e(t) は、これらの個々の波形の集合体であるから、式右辺の正負の符号も含めて一般化すれば、

$$e(t) = a_1\cos(2\pi \times \Delta f t) + a_2\cos(2\pi \times 2\Delta f t) + \cdots\cdots + a_n\cos(2\pi \times n\Delta f t)$$
$$+ b_1\sin(2\pi \times \Delta f t) + b_2\sin(2\pi \times 2\Delta f t) + \cdots\cdots + b_n\sin(2\pi \times n\Delta f t)$$

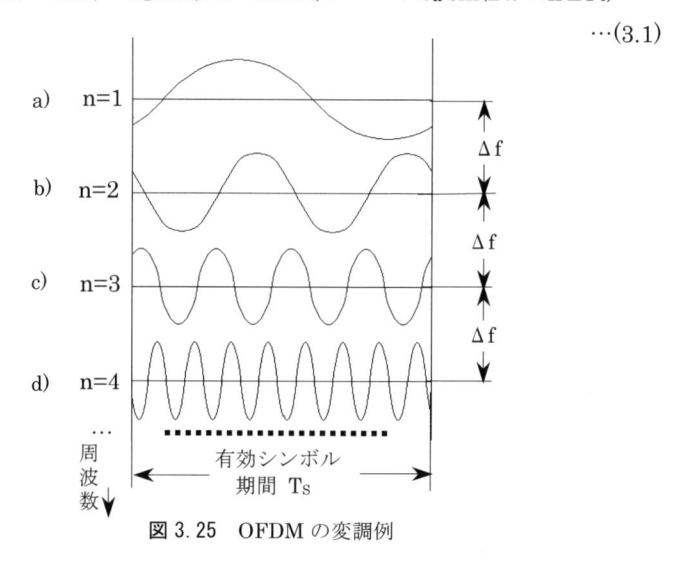

$$\cdots (3.1)$$

図 3.25　OFDM の変調例

と書き表せ、これは 2.2.2 項のフーリエ逆変換の (2.1) 式の f を Δf に置き換え、直流分の a_0 を省略した形にほかならない。(2.1) 式は、信号のある期間 T を切り出して、T の逆数である周波数 f の関数として時間波形 e(t)を表したものであった。OFDM の場合も、数値のシンボルの連なりのデジタル化された信号を、シンボル期間（T_S）で切り出し、フーリエ逆変換を施せばよいことがわかる。このフーリエ逆変換には、通常、高速フーリエ変換（FFT：Fast Fourier Transform）が用いられる。送信の場合は逆変換なので IFFT（Inverse FFT）と呼ばれる。生成された Δf の整数倍成分の全体に対して、送信処理を行えば、OFDM による多重化が完成する。3.2.4 項で述べたごとく、実際の放送では、変調方法やデータ速度も異なる違ったメディアが多重されることになるので、ここで述べた以上に複雑な処理が要求される。多重化処理の詳細については、4.3 節で述べることにしたい。

OFDM 多重波の波形は全体として、ランダムな雑音に似ており、送信電力が特定の周波数に偏ることなしに、エネルギーが分散したものになる。そのため、仮に送信電力をかなり落したとしても支障なく放送が行える。

以上の説明は、QPSK 変調の場合を選んで行ったが、QAM のように振幅方向に情報が載っている変調方式の場合でも、各搬送波ごとの係数 a_i、b_i がバラエティをもつ他は同様であり、その周波数スペクトラムも Δf ごとに現れるので、OFDM の直交性を損ねるものではない。

受信側での OFDM の復調は、フーリエ変換の (2.2) 式に従ったものになる。この受信側での復調処理は最初に、FFT の機能をもつ、ハードウェアまたはソフトウェアにより、OFDM 復調を行う。FFT で OFDM 多重を解かれた信号は、周波数多重された高速の QAM 変調信号や DQPSK 信号などが多重されたものであり、次段階の復調として、QAM 復調器や DQPSK 復調器などを用いて、それぞれの復調を行えば、目的である画像や音声が得られることになる。

3.2.7 日本の地上デジタル放送での OFDM

日本の地上デジタル放送規格は、OFDM を世界で最初に採用した DVB および ETSI の DVT-T 規格よりも、高度な規格に練りあげられている。日本の地上デジタル放送方式は、搬送波数に応じて3種類のモードを使い分けるようになっている。モード1は搬送波の周波数間隔が約4キロヘルツであり、約 5.6 メ

ガヘルツのチャンネル内に 1405 本の搬送波を置くことができる。モード2では半分の約2キロヘルツに周波数間隔を縮めて、2809 本の搬送波とし、モード3では、1/4 の1キロヘルツにして 5617 本の搬送波を設置している。これらの搬送波は 13 のセグメントに分割して使用するので、モード1では、1セグメントあたりの搬送波数は 108 本になる。搬送波には、符号化した映像や音声などを伝送するデータ伝送用の他に、伝送制御のための TMCC 用の搬送波や、受信機側で正確な復調を行うための周波数源を校正するのに必要な**連続パイロット**（CP：continual Pilot）**信号**用の搬送波なども挿入されている。

　これらの制御に用いる搬送波の諸元は、変調方式によっても変化する。位相が符号内容により絶えず変わる π/4 シフト DQPSK の場合は、復調に際して、正確な基準位相がないとエラーを生じるため、連続パイロット信号を送信し続ける必要がある。これに対して、**QAM** や **QPSK** の場合は、I、Q 軸の周波数さえ安定させておけばよいので、データのところどころに、**分散パイロット**（SP：

表 3.2　BST-OFDM の各モードと諸元

伝送モード	モード1	モード2	モード3
OFDM セグメント数	13		
周波数帯域幅	5.575MHz	5.573MHz	5.572MHz
搬送波間隔	3.968 kHz	1.984 kHz	0.992 kHz
搬送波総数	1405	2809	5617
1セグメント内搬送波数	108	216	432
(1) DQPSK の場合			
データ伝送用	96	192	384
TMCC 用	5	10	20
連続パイロット信号用	1	1	1
補助チャンネル用	6	13	27
(2) QAM/QPSK の場合			
データ伝送用	96	192	384
TMCC 用	1	2	4
分散パイロット信号用	9	18	36
補助チャンネル用	2	4	8
有効シンボル長	$252\mu S$	$504\mu S$	1.008mS
ガード期間長	有効シンボル長の 1/4、1/8、1/16、1/32		
情報ビットレート	3.56～23.23　メガビット/秒		

Scattered Pilot）**信号**を挿入すればよい。これは、アナログテレビの色搬送波の復調のための基準位相を、カラーバーストとして間欠的に送信しているのと同じことである。これらの制御用搬送波を差し引いたデータ用の搬送波は、1セグメント内に、モード1で96本、モード2とモード3でそれぞれ2倍の192本および4倍の384本が設置できる。これらのデータ用搬送波を用いて、**OFDM**では、最大約23メガヘルツ/秒のデータ伝送が可能である。

　以上述べたように、多くの伝送パラメータを持つ地上デジタル放送規格のすべてを、2003年末の放送開始までに完全な実証を終え、受信機で実現することには、時間的にもコスト的にも困難を伴う。したがって、実際の放送で使用可能な条件を定めた運用規定では、表3.2中のモード1の利用は見送られ、また、**DQPSK**も使われないことになった結果、連続パイロット信号の挿入は基本的に不要になった。そのほか、ゴースト妨害効果が薄いガード期間長1/32の使用も見送られた。東名阪での地上デジタル放送のスタートは、モード3で、**64QAM**、ガード期間長1/8のパラメータを選択し、情報ビットレート18.255メガビット/秒で行われることになった。

第 **4** 章

伝送中のデータ誤りを修復する
－誤り訂正技術－

　電波の伝送経路においては、さまざまな障害電波に遭遇することがある。アナログテレビ放送では、障害を受けた部分だけが画面を乱されることですむが、デジタルテレビでは、もっと広い範囲のデータが損なわれる危険性があるので、何らかの手当てが必要となる。では、どのような対策が講じられているのであろうか。

（ホームページ「切手になった数学者たち」より。URL http://jeff560.tripod.com/ ）

　19世紀のフランスの数学者 E.Galois（1811-1832）が体系を築いたガロア体理論に立脚して、1960年にひとつの誤り訂正符号が誕生した。当時 MIT のリンカーン研究所の A.S.Reed 教授と G.Solomon 教授が開発したリード・ソロモン符号である。この符号はデジタル放送のみならず、インターネットの画像伝送や DVD などのパッケージメディアなどに幅広く利用されている。

4.1 ひとかたまりのデータ単位で誤りを訂正する

4.1.1 アナログ放送とデジタル放送では、どちらがノイズに強いか

　電波の伝送経路においては、空電、イグニッション・ノイズ、電源高調波ノイズなど、さまざまな電波障害に遭遇することがある。アナログテレビは、これらの雑音などには全く無防備であり、ノイズを受けている期間の画面が欠落したりする妨害を受け、著しい場合には、画面の同期異常を引き起こすこともあった。電波障害がない場合でも、放送アンテナから離れた弱電界地域では、受信機内部から発生する熱雑音などの擾乱を受け、受信画面にノイズが混じり、とても高画質とはいえない画面しか見れないこともあった。特に衛星放送では、送信アンテナまたは受信アンテナが置かれている地域が豪雨に見舞われると、雨滴により著しく電波が減衰し、その間は雑音だけしか受信できないことが、夏季にはときどきあった。

　デジタル化された場合、放送局のサービスエリアの周辺にあたる地域では、アナログ放送では、ノイズっぽい画面での受信が精一杯であったところが、デジタル化されたのを機に、綺麗に見られるようになるという利点は考えられる。しかし、外来雑音についての電波環境は、デジタル化された場合でも、当然ながら同じ環境である。雑音による画面の異常は、むしろアナログ放送時代には、雑音の影響は雑音の発生した部位の異常に限られていた。ところが、デジタル放送の場合には、雑音により"1"の一桁が"0"に間違っただけで、画像データの"255"が"127"に化けてしまうなどの誤りを生じ、さらに複数の箇所に誤りが及ぶと、より広範囲に影響が出て、似ても似つかぬデータになってしまう危険性が考えられる。したがって、何らかの誤り訂正対策をとることが必然的に生じるわけである。

　デジタル放送で用いられる、誤り訂正手段は、アナログ放送の場合に単に信号より大きい分の雑音をカットしたりして、不完全ながらも打ち消していたのとは異なり、所定の限度内のデータの誤りに対しては、完全にもとの正しいデータに修復が可能なように考慮され、アナログ放送とは大きく趣を異にしている。その仕込みのひとつが、次に述べるリード・ソロモン符号などの誤り訂正符号であり、次項から段階を踏んで解説する。

4.1.2 データの合計を割り切れる数にする

画像などのデータを1バイト（8ビット：0～15）の2桁（0～255）で表し、これらデータの一部分を並べた、次のようなデータ列の例を考える。

"8"+"122"+"255"……+"25"

これらのデータをすべて合計した値は"990"であったとする。このデータ列にはもともとなかった数字の"10"を故意に付け加えたとすれば、これらの合計はちょうど"1000"になる。データを送信する側と受信する側の事前の約束事として「データは"100"で割り切れるようにして送信しましょう」という了解があったとすれば、次のようなデータ列が送信されることになる。

"8"+"122"+"255"……+"25"+"*10*"（=1000）

これらを受信した場合、伝送途中に誤りを生じなければ、当然、

"8"+"122"+"255"……+"25"+"*10*"

が受信でき、"100"で割るとちょうど割り切れるので、約束に基づけば、誤りのない受信ができたということになる。もし経路が障害を受けて、受信データが、

"8"+"122"+"<u>127</u>"……+"25"+"*10*"（=872）

のように、"255"であるべきデータが"<u>127</u>"に誤って届けられた場合、その合計は"100"で割り切れないので、受信データに誤りがあることがわかる。しかしデータのどこが、どのように間違ったかまでは、まだ、この時点ではわからない。このように、ちょうど割り切れるように付加する、データではない数値（この例の場合の"*10*"）を**チェックビット**、**チェックバイト**などと称している。

4.1.3 誤り訂正に使ういっぷう変わった数学

データの誤った場所と誤りの量がわかり、間違った箇所の訂正ができるようにするための仕込みの話に入る前に、若干の数学的準備をしておこう。その手始めは、2進法の**エクスクルーシブ OR**（排他的論理和）の演算ルールについてである。この演算法のルールは、0+0=0、1+0=1、0+1=1 までは何の変哲もない演算であるが、1+1=0 がルールであると聞けば少し違ってくる。十進法だと1+1=2、二進法の普通の演算だと、1+1=0…桁上がり 1 になるのに、桁上がりが無視されている。この計算ルールは、桁上げを無視する演算ルールである。

また、何回の足し算であっても、"1"の個数が偶数個あれば結果はゼロということになる。エクスクルーシブ OR の演算記号としては ⊕ が用いられる。

一方、引き算はといえば、0−0＝0、1−0＝1、1−1＝0 までは普通の演算どおりである。0−1 の場合は 0−1＝1 となり、上の桁から 1 を借り、10−1＝1 の計算と同様の結果となるが、実際には借りは発生していない。足し算の結果と合わせれば、桁上がりも借りもない計算ルールである。エクスクルーシブ OR のルールによる演算では、足し算と引き算の区別がなく、図 4.1 のように、どちらも同じ答になる。なお、図 4.1 で"0"や"1"を長方形で囲っている意味は、4桁すなわち4ビットを1単位としてまとめて1ワードとして、これ以降、取り扱うためである。実際のデジタルテレビでは、画像データなどを8ビット単位で1ワードとして扱う。しかし、8ビットだと、図を用いて説明する際に、紙面をはみだしてしまう困難があるので、以降の説明は4ビットを1ワードにしたミニモデルで説明せざるを得ない。

$$\oplus \begin{array}{r} \boxed{1\;0\;1\;1} \\ \boxed{1\;1\;0\;0} \\ \hline \boxed{0\;1\;1\;1} \end{array} \qquad - \begin{array}{r} \boxed{1\;0\;1\;1} \\ \boxed{1\;1\;0\;0} \\ \hline \boxed{0\;1\;1\;1} \end{array}$$

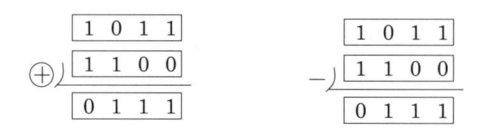

図 4.1　Exclusive OR の加減算

誤り訂正のための符号法で、もうひとつ変わっているのは、データを十進法（0〜255）または十六進法（0〜FF）の元（Element：げん）で表したデータを、別の元に置き換えることである。新しい元としては、19 世紀のフランスの数学者ガロア（E.Galois）が築いたガロア体の元を使用する。体（Field）とは、四則演算が可能な元の集合であり、その体を構成するのが元である。ガロア体の4ビットの場合の元は α （＝$\boxed{0010}$＝2）を他のすべての元をつくりだすもと（原始元という）にし、他の元は α を α^2、α^3、…のように、次々にべき乗したものである。順番にべき乗していくと、ゼロの 0＝$\boxed{0000}$ は当然として、

$\alpha^0 = \boxed{0001} = 1 \qquad \alpha^2 = \boxed{0100} = 4 \qquad \alpha^3 = \boxed{1000} = 8$

ここまでは順調に元が求まった。ところが、

$\alpha^4 = 1\boxed{0000} = 16$？

となり、4ビットの元であるとの前提も、4ビットの 0〜15 までの数値の範囲も超えてしまう。この場合ガロア体では、10000 を原始多項式と呼ばれる 10011

第4章 伝送中のデータ誤りを修復する－誤り訂正技術－

（1 が i 桁目にあることを x^i で表す、多項式表示と呼ばれる標記法によれば、x^4+x+1 となる）で割って、その余りを元にする。すなわち

$\alpha^4 =$ 10000÷10011＝ $\boxed{????}$ ＝?

を計算して、疑問符を埋めればよいことになる。この結果を演算ルールに基づいて図4.2に示すごとく計算した結果、

$\alpha^4 =$ 10000÷10011＝ $\boxed{0011}$ ＝3

のようになる。同様に、

$\alpha^5 =$ 100000÷10011＝ $\boxed{0110}$ ＝6

$\alpha^6 =$ 1000000÷10011＝ $\boxed{1100}$ ＝12

･･････････････････････････

のごとく、次々に α^{14} まで求めることができる。

```
            1
10011 ) 10000
        10011
       ─────
        0 0011 …余り
```

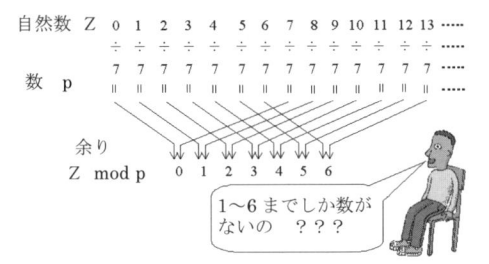

図4.2　α^4の計算　　　図4.3　数p以下の数しかない有限の世界

ここで、なぜ割り算の余りを元の値にしたかについて、触れておく。数学の中には**モジューロ演算**という体系があり、これは図4.3を例にとると、ある数p（例では7）で割った余りの数を元にした体である。この体ではpより大きな元は存在せず、すべての数がp以下の元に畳み込まれてしまう。図の例では、2÷7も9÷7も同じ2という元に重なってしまう。ガロア体は、このようなモジューロ演算を前提にした体系である。

表4.1　x^4+x+1 を原始多項式にした 2^4 の元のテーブル

0	0000	0	α^3	1000	8	α^7	1011	11	α^{11}	1110	14
α^0	0001	1	α^4	0011	3	α^8	0101	5	α^{12}	1111	15
α^1	0010	2	α^5	0110	6	α^9	1010	10	α^{13}	1101	13
α^2	0100	4	α^6	1100	12	α^{10}	0111	7	α^{14}	1001	9

表 4.1 はこのようにして求めた 2^4 の元 16 個をまとめたものである。表を見ると、4 ビットのワードがひとつの重複もなく、0 から 15 までのデータに対応していることがわかる。表には記載していないが、モジューロ演算により、畳み込まれた 16 巡ごとの元は、$\alpha^{-15}=\alpha^0=\alpha^{15}$、$\alpha^{-14}=\alpha^1=\alpha^{16}$、$\alpha^{-13}=\alpha^2=\alpha^{17}$ のように、同値をとることになる。

これらの元の演算は、次のように行う。まず、加減算は元の中身のワードにたち帰り、ワードどうしのエクスクルーシブ OR を行う。たとえば、図 4.1 と同じ例題では次のような計算になる。

$$\alpha^{13}+\alpha^6 = \boxed{1011} \oplus \boxed{1100} = \boxed{0111} = \alpha^{10}$$

特殊な場合として、同じ元どうしの加算の結果は常にゼロになる。これはエクスクルーシブ OR の演算は、1 が偶数個あればゼロになるからである。

$$\alpha^{13}+\alpha^{13} = \boxed{1011} \oplus \boxed{1011} = \boxed{0000} = 0$$

元と元の掛け算は、普通の指数計算と同様に指数部分の和を取ればよい。ただし、次に示すように、適宜 $\alpha^0 \sim \alpha^{15}$ の間に直しておくのが便利である。

$$\alpha^{11} \times \alpha^6 = \alpha^{11+6} = \alpha^{17} = \alpha^2$$

これ以降のリード・ソロモン符号の例の説明には、この表中のワードと元を併用して用いることにする。しかし、あくまでも説明を簡単にする目的のためであり、実際にデジタルテレビなどで用いられている 8 ビットの 2^8 の元のテ

表 4.2 デジタルテレビで用いられる 2^8 の元（原始多項式：$x^8+x^4+x^3+x^2+1$）

0	00000000	0	α^7	10000000	128	α^{248}	00011011	27
α^0	00000001	1	α^8	00011101	29	α^{249}	00110110	54
α^1	00000010	2	α^9	00111010	58	α^{250}	01101100	108
α^2	00000100	4	α^{10}	01110100	116	α^{251}	11011000	216
-	- - - - -	-				α^{252}	10101101	173
α^5	00100000	32	α^{175}	11111111	255	α^{253}	01000111	71
α^6	01000000	64	-	- - - - -	-	α^{254}	10001110	142

表 4.3 ［参考］ その他の 2^8 の元の例（原始多項式：$x^8+x^7+x^2+x+1$）

0	00000000	0	α^7	10000000	128	α^{248}	11101110	238
α^0	00000001	1	α^8	10000111	135	α^{249}	01011011	91
α^1	00000010	2	α^9	10001001	137	α^{250}	10110110	182
α^2	00000100	4	α^{10}	10010101	149	α^{251}	11101011	235
-	- - - - -	-				α^{252}	01010010	81
α^5	00100000	32	α^{183}	11111111	255	α^{253}	10100010	162
α^6	01000000	64	-	- - - - -	-	α^{254}	11000011	195

ーブルは、一部分だけを表 4.2 に示した。また、参考のため通信などで使われている別の 2^8 の元のテーブルも記している。このように同じ 2^8 の元でも、原始多項式が違えば、異なった元のテーブルになる。

4.1.4　誤りを検知するためのチェックワードをつくる

　いよいよ、**ブロック誤り訂正符号**のひとつである**リード・ソロモン符号**の本論に入ることになるが、階段を一段ずつ登るごとく、一項ごとに段階的に深まるように解説を進めたい。まず、伝送中に起きた誤りの検知の仕方の事例からスタートしよう。例題として図 4.4 a) のような 4 ビットの 15 ワード、合計 60 ビットのデータ列を考える。このデータ列を前項で述べた 2^4 の元で表現し直せば、図 4.4b) のようになる（表 4.1 参照）。

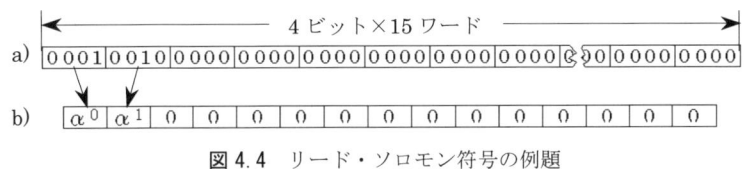

図 4.4　リード・ソロモン符号の例題

　b) のデータ列を多項式 F(x) で表示すれば、最上位のワードが x^{14}、次のワードが x^{13} の桁になり、他の桁はすべてゼロなので、

$$F(x) = \alpha^0 x^{14} + \alpha^1 x^{13}$$

のようになる。伝送中に誤りが生じたか否かのチェックのためには、各ワードの数値を総合計したものをワード列の最後に添付しておく。これはパソコンなどのチェックサムと同じ考え方である。例題では、最初の 2 ワードのみがゼロでないので、これらの 2 ワードの和を下のごとく求め、

$$\alpha^0 + \alpha^1 = \boxed{0001} \oplus \boxed{0010} = \boxed{0011} = \alpha^4$$

結果の α^4 がチェックワードになる。チェックワードが増えた分、データ領域は

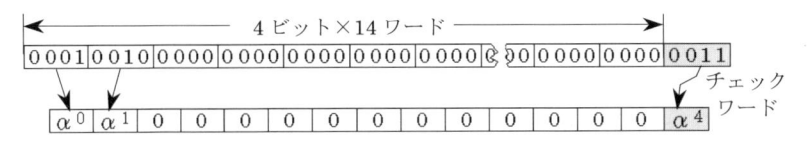

図 4.5　チェックワードをつくる

1ワード分減少している。これを図示したのが図 4.5 である。

　この間の演算処理を多項式を用いてフォローすれば、以下のようになる。チェックワードをつくるために、生成多項式と呼ばれる多項式 $G(x)=x-1$ を設定し、$F(x)=\alpha^0 x^{14}+\alpha^1 x^{13}$ にチェックワードを付加した新しい多項式が $G(x)$ で割り切れる、すなわち"1"を根にもつようにすればよい。

　実際には、多項式の x の代わりに"1"を代入した F(1) を求め、これをチェックワードにする。F(1) は、

$$F(1) = \alpha^0 + \alpha^1 = \boxed{0001} \oplus \boxed{0010} = \boxed{0011} = \alpha^4$$

となり、先に定性的に求めたのと同じ結果になる。F(1) では、x^i がすべて"1"になり、ワードの総和をとったのと同じ結果になるためである。

　さて、図 4.5 のような、チェックワードが付されたデータ列を受信した場合、これらのデータ列が正しく受信できたかどうかを調べるには、受信側で F(1) を計算してみればよい。誤りが発生していないときには、F(1) は、

$$F(1) = \alpha^0 + \alpha^1 + \alpha^4 = \boxed{0001} \oplus \boxed{0010} \oplus \boxed{0011} = \boxed{0000} = 0$$

$$\oplus \begin{array}{|c|} \hline 0001 \\ \hline 0010 \\ \hline 0011 \\ \hline 0000 \\ \hline \end{array}$$

のようにゼロになるはずである。足し算して付け加えたチェックワードを、また足してゼロになることは決して不思議ではない。同じワードを2回加算すれば、結果はゼロになるからである。最終的に、多項式 F(x) はチェックワードを加えて、書き改める。なお、チェックワードは太字斜体で示す。

　何らかの理由で、伝送中に誤りが発生した場合には、受信側で F(1) を計算してもゼロにはならず、F(1) に誤りの量が現れる。多項式 F(x) が表すデータ列で、誤りがある例として、その部分にアンダーラインを付けて示して、

$$\underline{F(x)} = \underline{\alpha^{11}} x^{14}+\alpha^1 x^{13}+\alpha^4$$

が受信されたとする。この場合の誤りを含んだ F(1) は、

$$\underline{F(1)} = \underline{\alpha^{11}}+\alpha^1+\alpha^4 = \boxed{1110} \oplus \boxed{0010} \oplus \boxed{0011} = \boxed{1111}$$

とゼロにはならずに、誤った $\underline{\alpha^{11}}$ の $\boxed{1110}$ と正しい α^0 の $\boxed{0001}$ との差(和でも同様)の $\boxed{1111}$ が F(1) として現れている。しかし、どの桁に誤りがあるのかまでは、これだけの仕掛けでは情報が足りないのでわからない。

4.1.5　1ワードの誤りを訂正可能にする

　話を進めて、1ワードの誤りの位置と誤りの量を知り得るようにし、誤りが

第4章 伝送中のデータ誤りを修復する－誤り訂正技術－

訂正できるような仕掛けを考える。このためにはチェックワードをひとつ増して都合2ワードにする。2つのチェックワードをつくる生成多項式 $G(x)$ は、

$$G(x) = (x-1)(x-\alpha^1) = x^2 - (1+\alpha^1)x + \alpha^1$$
$$= x^2 + (1+\alpha^1) + \alpha^1 = x^2 + \alpha^4 x + \alpha^1$$

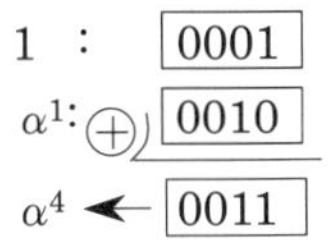

```
  1 :    0001
 α¹: ⊕  0010
 α⁴ ←   0011
```

として、多項式が"1"と α^1 の2つの根をもつようにする。そのために、多項式 $F(x)$ をチェックワードの分、桁上げして $G(x)$ で割った剰余の x の二次式をチェックワードにする。例題としては、今回は便利のため、情報を示す多項式 $I(x)$ を用いる。$I(x)$ の次数は x^2 分だけ低い。

$$I(x) = \alpha^0 x^{12} + \alpha^4 x^{11} + \alpha^1 x^{10} + \alpha^2$$

チェックワードを x の1乗と0乗の項に追加するために、x^2 を掛ければ、

$$x^2 \times I(x) = \alpha^0 x^{14} + \alpha^4 x^{13} + \alpha^1 x^{12} + \alpha^2 x^2$$

になる。これを $G(x)$ で図 4.6 のごとく割り算すると、割り算の剰余は $\alpha^6 x + \alpha^3$ となり、求める2ワードのチェックバイトが定まった。

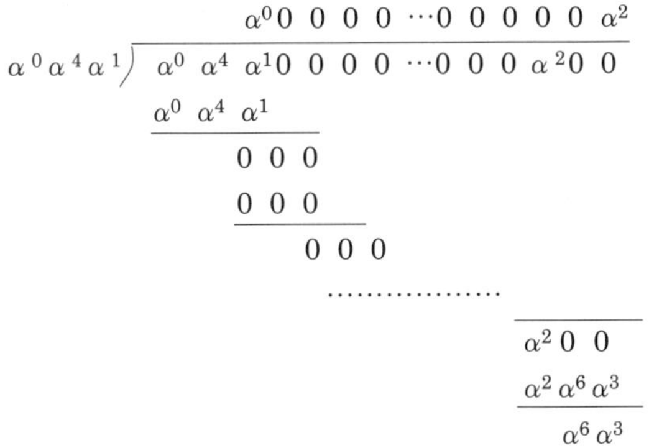

```
                      α⁰ 0 0 0 0 ⋯ 0 0 0 0 α²
         α⁰ α⁴ α¹ ) α⁰ α⁴ α¹ 0 0 0 0 ⋯ 0 0 0 α² 0 0
                      α⁰ α⁴ α¹
                         0 0 0
                         0 0 0
                             0 0 0
                            ⋯⋯⋯⋯⋯
                                    α² 0 0
                                    α² α⁶ α³
                                       α⁶ α³
```

図 4.6　2^4 の元を用いた多項式の割り算

これらを加えたデータ列の多項式は次式に、図示すれば図 4.7 のようになる。

$$F(x) = \alpha^0 x^{14} + \alpha^4 x^{13} + \alpha^1 x^{12} + \alpha^2 x^2 + \boldsymbol{\alpha^6 x + \alpha^3}$$

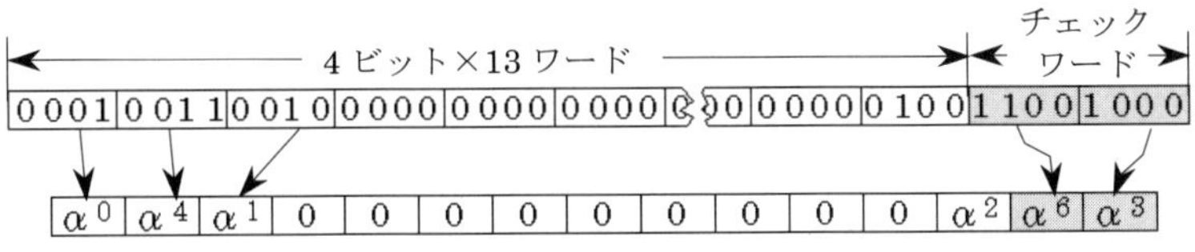

```
      ←――――― 4ビット×13ワード ―――――→  チェック
                                          ワード
  |0001|0011|0010|0000|0000|0000|⋯|0000|0100|1100|1000|
    ↓    ↓    ↓                               ↓   ↓
  | α⁰ | α⁴ | α¹ | 0 | 0 | 0 | 0 | 0 | 0 | 0 | 0 | α² | α⁶ | α³ |
```

図 4.7　1ワード訂正可能なデータ列

このデータ列が伝送誤りなしに、正しく受信したことを確かめるには、F(1)とF(α)がともにゼロであることを確かめればよい。まずF(1)は、

$$F(1) = \alpha^0 + \alpha^4 + \alpha^1 + \alpha^2 + \alpha^6 + \alpha^3$$
$$= \boxed{0001} \oplus \boxed{0011} \oplus \boxed{0010} \oplus \boxed{0100} \oplus \boxed{1100} \oplus \boxed{1000}$$
$$= \boxed{0000} = 0$$

のようになり、ゼロが確認され、次に、F(α)も、

$$F(\alpha) = \alpha^0 \alpha^{14} + \alpha^4 \alpha^{13} + \alpha^1 \alpha^{12} + \alpha^2 \alpha^2 + \alpha^6 \alpha + \alpha^3$$
$$= \alpha^{14} + \alpha^{17} + \alpha^{13} + \alpha^4 + \alpha^7 + \alpha^3$$
$$= \alpha^{14} + \alpha^2 + \alpha^{13} + \alpha^4 + \alpha^7 + \alpha^3$$
$$= \boxed{1001} \oplus \boxed{0100} \oplus \boxed{1101} \oplus \boxed{0011} \oplus \boxed{1011} \oplus \boxed{1000} = \boxed{0000} = 0$$

のように、確かにゼロになった。

　誤りがあるケースとして、同じ多項式でx^{14}の項がα^1のところ下式のように、誤ってα^5と受信されたとして、実際に誤りが訂正されるまでのプロセスを確かめよう。

$$\underline{F(x)} = \alpha^0 x^{14} + \alpha^4 x^{13} + \underline{\alpha^5 x^{12}} + \alpha^2 x^2 + \alpha^6 x + \alpha^3$$

この誤りのあるデータを受信した場合、$\underline{F(1)}$をまず求めてみる。$\underline{F(1)}$には、誤りの量の差分を指すe^iがそのまま現れるからである。

$$\underline{F(1)} = \alpha^0 + \alpha^4 + \underline{\alpha^5} + \alpha^2 + \alpha^6 + \alpha^3$$
$$= \boxed{0001} \oplus \boxed{0011} \oplus \boxed{0110} \oplus \boxed{0100} \oplus \boxed{1100} \oplus \boxed{1000}$$
$$= \boxed{0100} = \alpha^2$$

$\underline{F(1)}$がα^2となったことで、データ列のどの桁かが受信した$\underline{\alpha^5}$とα^2だけ誤っており、この部分の正しいデータは、

$$\underline{\alpha^5} - \alpha^2 = \boxed{0110} + \boxed{0100} = \boxed{0010} = \alpha^1$$

であることが判明した。sかし、どの桁が誤ったかは、F(α)を求めなければわからない。誤りがある $\underline{F(\alpha)}$ と誤りがない F(α) とを引き算すると、誤りがない桁はキャンセルし合い、誤りがある桁とその桁の係数、この例の場合では、$\underline{\alpha^5 x^{14}}$ と正しい$\alpha^i x^{14}$ の差だけが現れる。F(α)はゼロになるように仕込まれているので、$\underline{F(\alpha)}$ だけから、誤り量の差分e^iと誤った桁を指すα^iの積である

$$\underline{F(\alpha)} = e^i \alpha^i$$

が求まり、このうちe^iは $\underline{F(1)}$から既知なので、α^iを割り出すことができる。例題で$\underline{F(\alpha)}$は、

第4章 伝送中のデータ誤りを修復する－誤り訂正技術－

$$\underline{F(\alpha)} = \alpha^0 \alpha^{14} + \alpha^4 \alpha^{13} + \underline{\alpha^5} \alpha^{12} + \alpha^2 \alpha^2 + \alpha^6 \alpha + \alpha^3$$

$$= \alpha^{14} + \alpha^{17} + \underline{\alpha^{17}} + \alpha^4 + \alpha^7 + \alpha^3 = \alpha^{14} + \alpha^4 + \alpha^7 + \alpha^3$$

$$= \boxed{1001} \oplus \boxed{0011} \oplus \boxed{1011} \oplus \boxed{1000} = \boxed{1001} = \alpha^{14}$$

と α^{14} と求まり、これから、誤った桁を示す α^i は、

$$\alpha^i = \underline{F(\alpha)}/e^i = \underline{F(\alpha)}/\underline{F(1)} = \alpha^{14}/\alpha^2 = \alpha^{12}$$

のように α^{12} が求まり、誤った桁が x^{12} の桁であり、$\underline{F(1)}$ の結果から正しいデータが α^1 であったことが割り出せた。これで正しいデータ列に修正することができる。このようにブロック誤り訂正符号は、ワード単位で誤りを訂正する。

4.1.6 2ワードのデータ誤りを訂正する

今度は2ワードの訂正ができるリード・ソロモン符号に話を進めたい。これには、チェックワードが4個必要で、四次の生成多項式が必要なことは、いままでの説明から理解されるであろう。生成多項式には、次のものを用いる。

$$G(x) = (x-1)(x-\alpha^1)(x-\alpha^2)(x-\alpha^3)$$

例題にする情報のデータ列には、

$$I(x) = 4\alpha^0 x^{10} + \alpha^{12} x^9 + \alpha^4 x^8 + \alpha^0 x^7 + \alpha^6 x^6 + \alpha^2$$

を用いることにする。前の1ワードのときと同じように、今回は $x^4 \times I(x)/G(x)$ を計算すると（計算過程は省略）、割り切れなかった分の剰余は、

$$\boldsymbol{\alpha^{14} x^3 + \alpha^6 x^2 + \alpha^2 x + \alpha^2}$$

となり、これら α^{14}, α^6, α^2, α^2 が、この例題におけるチェックワードになる。これらを加えた多項式は、

$$F(x) = \alpha^0 x^{14} + \alpha^{12} x^{13} + \alpha^4 x^{12} + \alpha^0 x^{11} + \alpha^6 x^{10} + \alpha^2 x^4 + \boldsymbol{\alpha^{14} x^3 + \alpha^6 x^2 + \alpha^2 x + \alpha^8}$$

であり、改めて図で示すと、図4.8のようになる。

←――― 4ビット×11ワード ―――→	←― チェックワード ―→
0001 1111 0011 0001 1100 0 0 0 0 0 0 0100	1001 1100 0100 0101

| α^0 | α^{12} | α^4 | α^0 | α^6 | 0 | 0 | 0 | 0 | 0 | α^2 | α^{14} | α^6 | α^2 | α^8 |

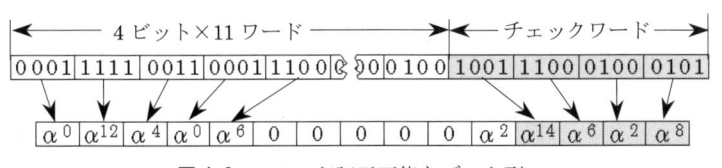

図4.8 2ワード訂正可能なデータ列

これらのデータ列が正しく伝送されたとき、$F(1)$, $F(\alpha^1)$, $F(\alpha^2)$, $F(\alpha^3)$ のすべてがゼロになるように、チェックワードは定めているが、これらを実際

に確かめてみると、

$F(1) = \alpha^0 + \alpha^{12} + \alpha^4 + \alpha^0 + \alpha^6 + \alpha^2 + \alpha^{14} + \alpha^6 + \alpha^2 + \alpha^8$

$\quad = \alpha^{12} + \alpha^4 + \alpha^{14} + \alpha^8$

$\quad = \boxed{1111} \oplus \boxed{0011} \oplus \boxed{1001} \oplus \boxed{0101} = \boxed{0000} = 0$

$F(\alpha^1) = \alpha^0 \alpha^{14} + \alpha^{12} \alpha^{13} + \alpha^4 \alpha^{12} + \alpha^0 \alpha^{11} + \alpha^6 \alpha^{10} + \alpha^2 \alpha^4 + \alpha^{14} \alpha^3 + \alpha^6 \alpha^2$

$\quad\quad + \alpha^2 \alpha + \alpha^8$

$\quad = \alpha^{14} + \alpha^{25} + \alpha^{16} + \alpha^{11} + \alpha^{16} + \alpha^6 + \alpha^{17} + \alpha^8 + \alpha^3 + \alpha^8$

$\quad = \alpha^{14} + \alpha^{10} + \alpha^{11} + \alpha^6 + \alpha^2 + \alpha^3$

$\quad = \boxed{1001} \oplus \boxed{0111} \oplus \boxed{1110} \oplus \boxed{1100} \oplus \boxed{0100} \oplus \boxed{1000} = \boxed{0000} = 0$

$F(\alpha^2) = \alpha^0 \alpha^{28} + \alpha^{12} \alpha^{26} + \alpha^4 \alpha^{24} + \alpha^0 \alpha^{22} + \alpha^6 \alpha^{20} + \alpha^2 \alpha^8 + \alpha^{14} \alpha^6$

$\quad\quad + \alpha^6 \alpha^4 + \alpha^2 \alpha^1 + \alpha^8$

$\quad = \alpha^{28} + \alpha^{38} + \alpha^{28} + \alpha^{22} + \alpha^{26} + \alpha^{10} + \alpha^{20} + \alpha^{10} + \alpha^4 + \alpha^8$

$\quad = \alpha^8 + \alpha^7 + \alpha^{11} + \alpha^5 + \alpha^4 + \alpha^8 = \alpha^7 + \alpha^{11} + \alpha^5 + \alpha^4$

$\quad = \boxed{1011} \oplus \boxed{1110} \oplus \boxed{0110} \oplus \boxed{0011} = \boxed{0000} = 0$

$F(\alpha^3) = \alpha^0 \alpha^{42} + \alpha^{12} \alpha^{39} + \alpha^4 \alpha^{36} + \alpha^0 \alpha^{33} + \alpha^6 \alpha^{30} + \alpha^2 \alpha^{12} + \alpha^{14} \alpha^9 + \alpha^6 \alpha^6$

$\quad\quad + \alpha^2 \alpha^3 + \alpha^8$

$\quad = \alpha^{42} + \alpha^{51} + \alpha^{40} + \alpha^{33} + \alpha^{36} + \alpha^{14} + \alpha^{23} + \alpha^{12} + \alpha^5 + \alpha^8$

$\quad = \alpha^{12} + \alpha^6 + \alpha^{10} + \alpha^3 + \alpha^6 + \alpha^{14} + \alpha^8 + \alpha^{12} + \alpha^5 + \alpha^8$

$\quad = \alpha^{10} + \alpha^3 + \alpha^{14} + \alpha^5$

$\quad = \boxed{0111} \oplus \boxed{1000} \oplus \boxed{1001} \oplus \boxed{0110} = \boxed{0000} = 0$

となり、すべてゼロであることが確認された。

そこで今度は、図4.9のように2桁の誤りを生じたとき、訂正が可能かどうかを調べてみる。

誤りを含んだデータ列を多項式で表示すれば、次式になる。

$\underline{F(x)} = \alpha^0 x^{18} + \underline{\alpha^8 x^{17}} + \alpha^4 x^{16} + \underline{\alpha^{14} x^{15}} + \alpha^6 x^{14} + \alpha^2 x^4 + \boldsymbol{\alpha^{14} x^3 + \alpha^6 x^2 + \alpha^2 x + \alpha^8}$

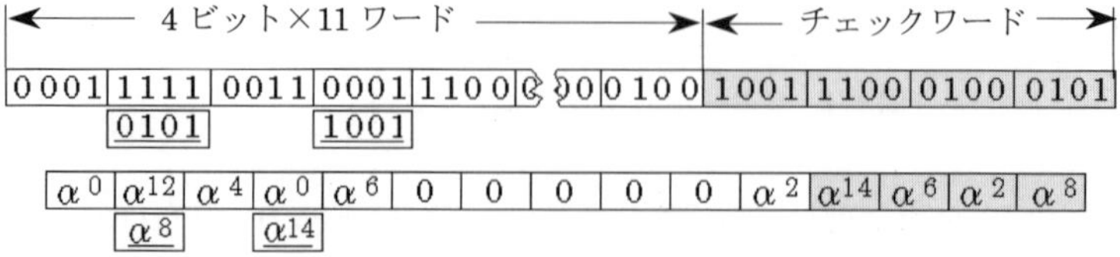

図4.9 2ワードの誤りを含んだデータ列

第4章 伝送中のデータ誤りを修復する－誤り訂正技術－

このデータ列を受信したとき、F(1)、F(α^1)、F(α^2)およびF(α^3)を求めるのだが、今度はゼロにならずに、以下のような値を示す。

$\underline{F(1)} = \alpha^0 + \cancel{\alpha^8} + \alpha^4 + \cancel{\alpha^{14}} + \cancel{\alpha^6} + \cancel{\alpha^2} + \cancel{\alpha^{14}} + \cancel{\alpha^6} + \cancel{\alpha^2} + \cancel{\alpha^8}$
$= \alpha^0 + \alpha^4 = \boxed{0001} \oplus \boxed{0011} = \boxed{0010} = \alpha^1$

$\underline{F(\alpha^1)} = \alpha^{14} + \underline{\alpha^{21}} + \cancel{\alpha^{16}} + \underline{\alpha^{25}} + \cancel{\alpha^{16}} + \alpha^6 + \alpha^{17} + \cancel{\alpha^8} + \alpha^3 + \cancel{\alpha^8}$
$= \alpha^{14} + \cancel{\alpha^6} + \underline{\alpha^{10}} + \cancel{\alpha^6} + \alpha^2 + \alpha^3 = \alpha^{14} + \underline{\alpha^{10}} + \alpha^2 + \alpha^3$
$= \boxed{1001} \oplus \boxed{0111} \oplus \boxed{0100} \oplus \boxed{1000} = \boxed{0010} = \alpha^1$

$\underline{F(\alpha^2)} = \cancel{\alpha^{28}} + \underline{\alpha^{34}} + \cancel{\alpha^{28}} + \underline{\alpha^{36}} + \alpha^{26} + \cancel{\alpha^{10}} + \alpha^{20} + \cancel{\alpha^{10}} + \alpha^4 + \alpha^8$
$= \cancel{\alpha^4} + \underline{\alpha^6} + \alpha^{11} + \alpha^5 + \cancel{\alpha^4} + \alpha^8 = \underline{\alpha^6} + \alpha^{11} + \alpha^5 + \alpha^8$
$= \boxed{1100} \oplus \boxed{1110} \oplus \boxed{0110} \oplus \boxed{0101} = \boxed{0001} = \alpha^0$

$\underline{F(\alpha^3)} = \alpha^{42} + \cancel{\alpha^{47}} + \alpha^{40} + \cancel{\alpha^{47}} + \alpha^{36} + \alpha^{14} + \alpha^{23} + \alpha^{12} + \alpha^5 + \alpha^8$
$= \cancel{\alpha^{12}} + \alpha^{10} + \alpha^6 + \alpha^{14} + \cancel{\alpha^8} + \cancel{\alpha^{12}} + \alpha^5 + \cancel{\alpha^8}$
$= \boxed{0111} \oplus \boxed{1100} \oplus \boxed{1001} \oplus \boxed{0110} = \boxed{0100} = \alpha^2$

これらの$\underline{F(1)}$、$\underline{F(\alpha^1)}$、$\underline{F(\alpha^2)}$および$\underline{F(\alpha^3)}$のもつ意味は、2つの誤りの量をe^i、e^j、それぞれの誤りのある桁をα^i、α^jとおけば、まず$\underline{F(1)}$には、

$\underline{F(1)} = e^i + e^j$

のように、2つの誤りが重ね合わさっている。上式は、誤りのない F(1) と誤った $\underline{F(1)}$ との比較において、キャンセルし合わなかった部分が残る意味からは、$e^i - e^j$ とすべきだがエクスクルーシブ OR の演算下では、両者の区別はないので、$e^i + e^j$ にしておく。以下も同様である。続いて$\underline{F(\alpha^1)}$には、

$\underline{F(\alpha^1)} = e^i \alpha^i + e^j \alpha^j$

のごとく、誤りの量と誤りのある桁が積算されている。$\underline{F(\alpha^2)}$、$\underline{F(\alpha^3)}$の場合は、それぞれ、

$\underline{F(\alpha^2)} = e^i(\alpha^i)^2 + e^j(\alpha^j)^2 = e^i \alpha^{2i} + e^j \alpha^{2j}$

$\underline{F(\alpha^3)} = e^i(\alpha^i)^3 + e^j(\alpha^j)^3 = e^i \alpha^{3i} + e^j \alpha^{3j}$

であり、2つの誤りの量に、誤りのある桁の2乗および3乗が積算された形になっている。2つの誤りの量と桁の4つの未知数に対して、式が4つ立つので、これらの未知数は4元の連立方程式を解くことにより、必ず見付かるはずである。解を見付けやすくするために、zをαの逆数と定義して、次のような二次方程式を立てる。

$(1 - \alpha^i z)(1 - \alpha^j z) = 0$

この式は、$z=\alpha^{-i}$ および $z=\alpha^{-j}$ が根になるようにつくられているので、この式を満足するzを求めれば解に到達する。さらに二次式を変形して、

$$1-(\alpha^i+\alpha^j)+\alpha^i\alpha^j z^2 = 1+\sigma_1 z+\sigma_2 z^2 = 0$$

とする。ここに、σ_1, σ_2 は中間的な変数であり、$\sigma_1=-(\alpha^i+\alpha^j)$、$\sigma_2=\alpha^i\alpha^j$ である。この二次式は当然、$z=\alpha^{-i}$ および $z=\alpha^{-j}$ のときゼロになるので、

$$1+\sigma_1\alpha^{-i}+\sigma_2\alpha^{-2i}=0 \qquad 1+\sigma_1\alpha^{-j}+\sigma_2\alpha^{-2j}=0$$

の2式が得られ、左の式に$e^i\alpha^{2i}$、右の式に$e^j\alpha^{2j}$をそれぞれ掛ければ、

$$e^i\alpha^{2i}+\sigma_1 e^i\alpha^i+\sigma_2 e^i = 0 \qquad e^j\alpha^{2j}+\sigma_1 e^j\alpha^j+\sigma_2 e^j = 0$$

であり、両式を足し合わせると、下式になる。

$$\underbrace{e^i\alpha^{2i}+e^j\alpha^{2j}}_{F(\alpha^2)}+\sigma_1\underbrace{(e^i\alpha^i+e^j\alpha^j)}_{F(\alpha^1)}+\sigma_2\underbrace{(e^i+e^j)}_{F(1)}=0$$

上式は、σ_1, σ_2と先に求めた$F(1)$、$F(\alpha^1)$、$F(\alpha^2)$のみの関数であり、好都合である。これを改めて書き直すと下の式になる。

$$F(\alpha^2)+\sigma_1 F(\alpha^1)+\sigma_2 F(1)=0$$

ここで、σ_1, σ_2を求めるのに、あと1式不足するので、先の左の式を$e^i\alpha^{3i}$、右の式を$e^j\alpha^{3j}$倍して足し合わせると、次の式が得られる。

$$\underbrace{e^i\alpha^{3i}+e^j\alpha^{3j}}_{F(\alpha^3)}+\sigma_1\underbrace{(e^i\alpha^{2i}+e^j\alpha^{2j})}_{F(\alpha^2)}+\sigma_2\underbrace{(e^i\alpha^i+e^j\alpha^j)}_{F(\alpha)}=0$$

$$F(\alpha^3)+\sigma_1 F(\alpha^2)+\sigma_2 F(\alpha)=0$$

これらの式に、$F(1)$、$F(\alpha^1)$、$F(\alpha^2)$および$F(\alpha^3)$の値を代入すれば、

$$\alpha^0+\sigma_1\alpha^1+\sigma_2\alpha^1=0$$

$$\alpha^2+\sigma_1\alpha^0+\sigma_2\alpha^1=0$$

となる。まず上の2式を引き算(足し算)して、σ_2を消去すれば

$$\sigma_1=\frac{\alpha^0+\alpha^2}{\alpha^1+\alpha^0}=\frac{\boxed{0001}\oplus\boxed{0100}}{\boxed{0010}\oplus\boxed{0001}}=\frac{\boxed{0101}}{\boxed{0011}}=\frac{\alpha^8}{\alpha^2}=\alpha^4$$

となり、σ_1は、α^4であることがわかる。σ_2は先の式の上式にα^0、下式にα^1を掛けて、両式を引き算し、σ_1の項を消去すれば、

$$\sigma_2=\frac{\alpha^0+\alpha^3}{\alpha^1+\alpha^2}=\frac{\boxed{0001}\oplus\boxed{1000}}{\boxed{0010}\oplus\boxed{0100}}=\frac{\boxed{1001}}{\boxed{0110}}=\frac{\alpha^{14}}{\alpha^5}=\alpha^9$$

第4章 伝送中のデータ誤りを修復する－誤り訂正技術－

σ_2を求めることができ、α^9に定まった。これから、いよいよ誤りがある桁のα^iとα^jを割り出す最終段階に入る。しばらく前の式である

$$1-(\alpha^i+\alpha^j)+\alpha^i\alpha^j z^2 = 1+\sigma_1 z+\sigma_2 z^2 = 0$$

に、求めたσ_1とσ_2を代入すれば、次のようになる。

$$1+\alpha^4 z+\alpha^9 z^2=0$$

α^iとα^jは、その逆数であるzの形をかりて、上式を満足する2つのzを求めることにより、特定される。これには、表4.4のようなzの探索表を用いるのが便利である。表中に次々に$z=0=\alpha^{-15}$、$z=\alpha^1=\alpha^{-14}$、…と$z=\alpha^{14}=\alpha^{-1}$までを入れていく途中で、上の式を満足する$z$が2つ見付かるはずである。この例題では、$z=\alpha^2=\alpha^{-13}$ならびに$z=\alpha^4=\alpha^{-11}$のとき、上の二次式全体がゼロになり、この逆数の$\alpha^{13}$と$\alpha^{11}$が求める誤りがある桁を示していることがわかる。

表4.4 α^iとα^jの探索のための表

z	...	$\alpha^1=\alpha^{-14}$	$\alpha^2=\alpha^{-13}$	$\alpha^3=\alpha^{-12}$	$\alpha^4=\alpha^{-11}$	...
1		0001	0001	0001	0001	...
$\alpha^4 z$		$\alpha^5=$ 0110	$\alpha^6=$ 1100	$\alpha^7=$ 1011	$\alpha^8=$ 0101	
⊕ $\alpha^9 z^2$	...	$\alpha^{11}=$ 1110	$\alpha^{13}=$ 1101	$\alpha^{15}=0=$ 0000	$\alpha^{17}=\alpha^2=$ 0100	
		1001	0000	1010	0000	

4つの未知数のうち、α^i、α^jの誤りがある桁の情報が得られたので、あとは<u>$F(\alpha^1)$</u>、<u>$F(\alpha^2)$</u>、…に戻って誤りの量e^i、e^jを計算する。まず、

<u>$F(1)$</u> : $\quad e^i + e^j = \alpha^1$

<u>$F(\alpha^1)$</u> : $e^i\alpha^i+e^j\alpha^j=e^i\alpha^{13}+e^j\alpha^{11}=\alpha^1$

の2つの式から、上の式の両辺をα^{11}乗して下の式の両辺を引く（足す）と、e^jが消去されて、

$$e^i = \frac{\alpha^{12}+\alpha^1}{\alpha^{11}+\alpha^{13}} = \frac{\boxed{1111}\oplus\boxed{0010}}{\boxed{1110}\oplus\boxed{1101}} = \frac{\boxed{1101}}{\boxed{0011}} = \frac{\alpha^{13}}{\alpha^4} = \alpha^9$$

のようにe^iがα^9であることがわかり、続いて、$e^j=\alpha^1-e^i$から、

$$e^j = \alpha^1-e^i = \boxed{0010}\oplus\boxed{1010} = \boxed{1000} = \alpha^3$$

とe^jもα^3であることが判明した。すべての誤りの情報が揃ったので、いよい

よ誤りの訂正に取りかかる。まず、誤りがあるとされた13桁目の受信データ α^8 から、誤り量 $e^i = \alpha^9$ を引いて（足して）、

13桁目： $\alpha^8 - \alpha^9 =$ ⬚0101⬚ ⊕ ⬚1010⬚ = ⬚1111⬚ $= \alpha^{12}$

となり、正しいデータ α^{12} が得られる。同様に、11桁目についても、受信データの α^{14} から、誤り量 α^3 を引いた（足した）、α^0 が正しいデータとして得られる。

11桁目： $\alpha^{14} - \alpha^3 =$ ⬚1001⬚ ⊕ ⬚1000⬚ = ⬚0001⬚ $= \alpha^0$

以上で、2ワードに間違いがある場合の、誤り訂正が完了した。

4.1.7 実際にデジタルテレビで使われているリード・ソロモン符号

前3項にわたって述べてきたリード・ソロモン符号は、4ビットの15ワードを1ブロックにした、いわばミニモデルに属するものだったが、実際のデジタル放送では、8ビット（1バイト）を1ワードにした本格的なものが使われている。そして、1ブロックの長さは204バイトに達するものであり、その内訳は、MPEG-2で定められた1ブロックの188バイトの情報に対して、16バイトのチェックバイトを付加したものである。これを略称では、RS（204,188）と呼ぶ。RS（204,188）は、厳密には、短縮リード・ソロモン符号であり、RS（255,239）をベースにしたものである。RS符号をデジタル放送の外符号として規定したのは、第1章で前出のDVBグループであり、ETSI（the European Telecommunications Standards Institute）規格の中に記されている。日本はこの規格に準じており、米国はチェックバイト数を増すなどの変更を行っている。RS（204,188）では、図4.10に示したように、16バイトのチェックバイトが設けられているので、この半分の8バイトの伝送誤りまでの訂正能力をもつことは、いままでの説明で自明であろう。

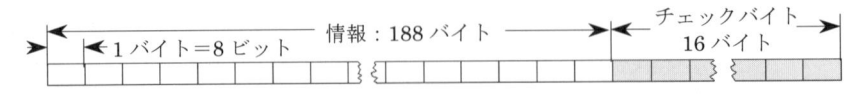

図4.10　RS(204,188)のデータ列

RS（204,188）で用いる 2^8 のガロア体の元は0、α^0（=1）、…、α^{254} までの256個であり、16バイトのチェックバイトをつくるための生成多項式は、

第4章 伝送中のデータ誤りを修復する―誤り訂正技術―　　*91*

$G(x)=(x-1)(x-\alpha^1)(x-\alpha^2)(x-\alpha^3)\cdots\cdots(x-\alpha^{14})(x-\alpha^{15})$

の長大なものとなる。誤り訂正のためには、F(1)から F(α^{15})までを計算し、16元の連立方程式を解く必要があるが、最近の進歩したマイクロプロセッサをもってすれば、十分にリアルタイムで処理できる。

4.2 データの続き具合で誤りを訂正する畳み込み符号

4.2.1 データをフレーム状に並べる

　デジタル放送では、伝送時の誤りに対する訂正能力をより高めるために、2種類の誤り訂正符号が用いられている。そのひとつは、すでに説明したリード・ソロモン符号の RS（204,188）であり、図4.11 では、小さな長方形を1バイトとして、行方向に一列に並べている。次々に送信されるリード・ソロモン符号化された同期バイトやデータなどを、縦方向に並べていくと、図4.11 のような枠状のデータのフレームができる。実際のフレーム構成は、後述するように、もう少し複雑である。このフレームの縦横に誤り訂正符号をもつようにすれば、訂正能力が著しく増大する。このような行と列にデータを並べて行方向と列方向のそれぞれに誤り訂正符号を設定するような符号を連接符号といい、横方向の誤り訂正符号を**外符号**、縦方向（時間方向）のものを**内符号**と呼んでいる。

　デジタルテレビには、この連接符号が使われており、前述の RS（204,188）

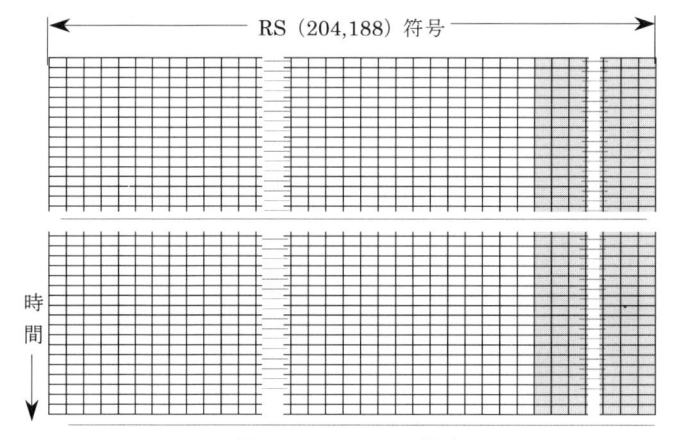

図4.11 フレームの構成

符号が外符号として用いられている。一方、内符号としては、リード・ソロモン符号のようなブロック誤り訂正符号とはまったく原理が異なる、**畳み込み符号**（Convolutional Code）というものが、縦方向のデータ列に掛けられている。次項から、この解説を行うことにする。

4.2.2　畳み込み符号とは

　ブロック誤り訂正符号は、同一時間帯にある情報のかたまりを1ブロックにして、その中にチェックバイトを設け、同一ブロック内の誤りを訂正するものであったが、畳み込み符号は、図4.12のように、現在のデータだけではなく、ひとつ前や2つ前の時間的には通り過ぎたデータをも加えてチェックビットをつくり、誤りを訂正しようというものである。

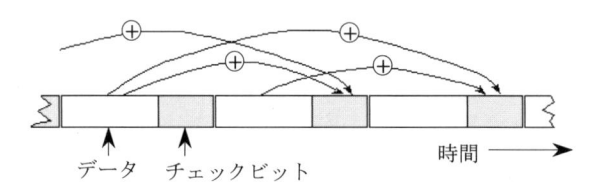

図4.12　畳み込み符号のつくり方

　図4.13に示したような、簡単な畳み込み誤り訂正符号の具体例を挙げて説明を進める。a) に示したデータを時間のスロットごとに、1ビットずつ入力するとき、送信は、このデータにもう1ビット分のチェックビットを付け足して、都合、2ビットにして送信することを考える。このチェックビットはひとつ前のスロットのデータと現在のデータをエクスクルーシブORをとったものを用いると定義する。そうすると時間0のスロットは本来のデータ"0"とチェッ

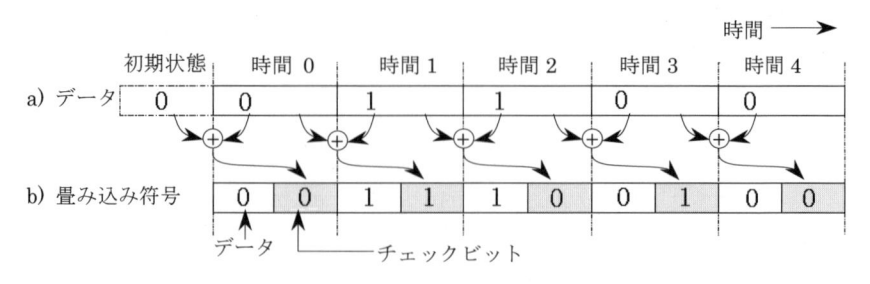

図4.13　簡単な畳み込み符号

クビットの"0"が続いたものになる。このチェックビットは現在のデータの"0"とひとつ前のスロット、この場合には初期値の"0"とのエクスクルーシブORした結果の"0"である。時間1のスロットでは、現在のデータ"1"とチェックビットが、時間0のデータ"0"と現在の時間1のデータ"1"とをエクスクルーシブORした"1"が続くことになる。以降のスロットについても同様である。

	初期状態	時間0	時間1	時間2	時間3	時間4
a) データ	0	0	1	1	0	0
b) 正しい畳み込み符号		0 0	1 1	1 0	0 1	0 0
c) 誤った畳み込み符号		0 0	1 1	1 1	1 1	0 0

図4.14　誤った畳み込み符号の例

このような仕込みがなされたデータ列を受信したとき、伝送誤りがどのように発見されるかを図4.14の例で考えてみる。図で、時間2のチェックビットと時間3のデータが、ともに"0"ではなく、ともに"1"と誤って受信されたとする。時間2のチェックバイトが"1"になるのは、エクスクルーシブ OR

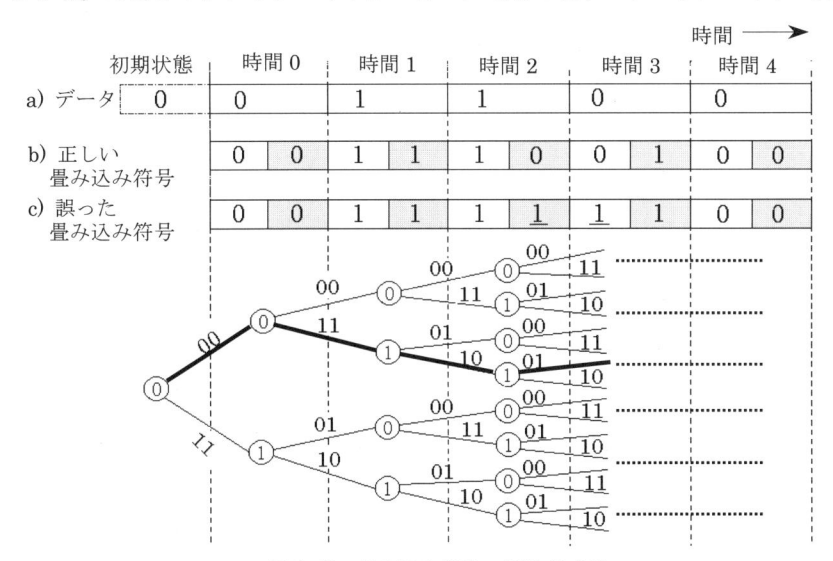

図4.15　畳み込み符号の樹枝状表現

の演算では、0＋1＝1 か 1＋0＝1 のどちらかしかなく、受信した時間1、時間2データの和は、1＋1 なので矛盾しており、誤りがあることがわかる。これは、図4.15のような符号の続き具合のあらゆる可能性を、ツリー状に表現するとより明らかであり、太線で記した正しい経路（パスという）上の時間1から時間2にかけて、"11"と続くパスは見当たらない。では、正しいデータはといえば、あとの時間まで符号の続き具合を追跡していくと、やがて明らかになる。しかし、図の樹枝状の表現では、紙面も足りずにいきづまってしまう。

そこで考えられたのが図4.16に示した**トレリス**（trellis：格子）**線図**である。トレリス線図は、縦軸に1スロット前のデータと現在のデータの、それぞれ"0"と"1" 4通りの組み合わせを"00"から順に並べ、横軸は時間として、初期状態の"00"から始まり、データ送信が終わってデータ"0"が続き"00"に戻るまでの間のパスを、とり得ないパスを除いて、各時間スロットのデータが"0"の場合を実線で上側に、"1"がくる場合には、点線で下側にプロットして作成する。

さて、例題であった、チェックビットを現在と1スロット以前のデータをエクスクルーシブ OR してつくる場合の、"00"から出発して、時間4までに"00"に戻るすべてのパスを図4.16に示したが、5通りほどあり、このいずれかが送

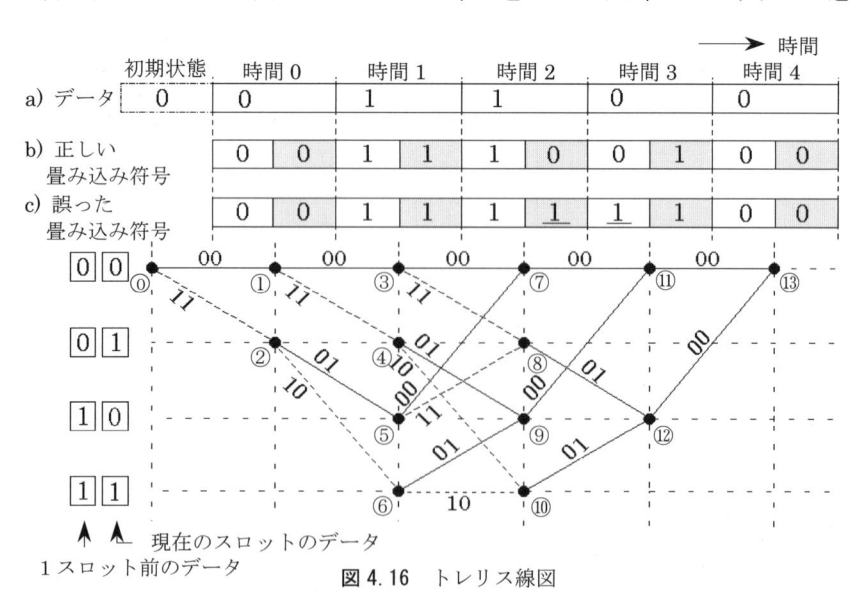

図 4.16 トレリス線図

第4章 伝送中のデータ誤りを修復する－誤り訂正技術－

信されたデータ列である。5通りのパスをすべて列挙すれば、

パス1： ⓪－①－③－⑦－⑪－⑬
　　　　 00　00　00　00　00

パス2： ⓪－①－④－⑨－⑪－⑬
　　　　 00　11　01　00　00

パス3： ⓪－①－④－⑩－⑫－⑬
　　　　 00　11　10　01　00

パス4： ⓪－②－⑤－⑦－⑪－⑬
　　　　 11　01　00　00　00

パス5： ⓪－②－⑥－⑨－⑪－⑬
　　　　 11　10　01　00　00

のようになる。ここで、例題の誤って受信したデータ列"00　11　11　11　00"と、パス1からパス5までのデータ列を比較してみると、パス1では、

受信データ列　　：00　11　11　11　00
パス1データ列：00　00　00　00　00

のごとく、ずいぶんかけ離れており、両者を一致させるには"0"と"1"を6個ひっくり返す必要があることがわかる。このように2つのデータ列の"0"と"1"を何回逆転すれば一致するかを**ハミング距離**といい、データ列の一致性をみる尺度に使われている。受信データ列とパス1データ列はハミング距離、簡単には距離が6ということになる。

同様にパス2では、

受信データ列　　：00　11　11　11　00
パス2データ列：00　11　01　00　00

距離3であり、パス3は、

受信データ列　　：00　11　11　11　00
パス3データ列：00　11　10　01　00

距離2である。以下同様に、パス4は距離7、パス5は距離6が求められる。正しいデータは、ハミング距離が短いものであり、この場合、距離2のパス3が正しいデータを示していると推定される。この例では事実、そのとおりであった。このようにハミング距離を判定条件にして、トレリス線図などを用い、最もそれらしいパスの探索を進める誤り訂正方法は、ビタビ博士（Andrew J.

Viterbi) の考案によるものであり、**ビタビ復号法**（Viterbi Decoding）と名付けられている。博士は携帯電話の変調方式のひとつの CDMA（Code Division Multiple Access）方式の開発で有名なクァルコム社の創始者の一人でもある。

実際にデジタル放送で用いられている畳み込み符号は、後述のように、この例よりは複雑なものである。受信側では、次々に送信されてくる畳み込み符号から、常時、ハミング距離の短いデータ列の候補を準備しておき、誤りが生じた際に、これに置き換えることで正しい受信をすることができる。

4.2.3　畳み込み符号のいろいろ

前項で例にした簡単な畳み込み符号は、全体の符号の長さが2ビットに対して、データが1ビットであり、この比率が 1/2 であったが、一般的にnビットの符号長に対して、もとになるデータ長がkビットの場合、**符号化率 k/n** の畳み込み符号であると定義される。デジタルテレビ放送では、符号化率 1/2 から 7/8 のものが使用される。

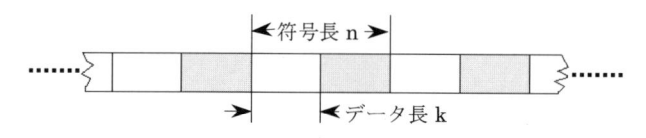

図 4.17　畳み込み符号の符号化率

畳み込み符号は、現在のデータからばかりでなく、過去のデータを利用した演算により、チェックビットをつくることは前に述べた。時間的に前のデータを表すのに、D（Delay）を用いた標記がよく使われる。現在のデータは 1 と表し、1スロット前のデータはD、2スロット前のデータは D^2、…などと表す方法である。この方法によると、前項の簡単な畳み込み符号は、データ部分をC0、チェックビット部分を C1 として、

$$C0 = 1 \qquad C1 = 1 + D$$

のように表すことができる。D や D^2 などの遅延したデータはシフトレジスタなどの簡単なハードウェアでつくることができる。このような情報そのものが畳み込み符号の一部分になっているものを組織符号という。一方、チェックビットだけではなく、データ自身にも過去のデータを用いて畳み込むタイプの、

第4章 伝送中のデータ誤りを修復する－誤り訂正技術－

例えば、

$$C0=1+D^2 \qquad C1=1+D+D^2$$

のような符号もあり、この場合は非組織符号と呼ばれている。

4.2.4 デジタル放送で実際に使われる畳み込み符号

　デジタル放送で実際に使用されている畳み込み符号は、前の例題よりは、はるかに複雑で、符号化率も伝送条件とのからみで 1/2、2/3、3/4、5/6 および 7/8 の中から選択可能になっている。

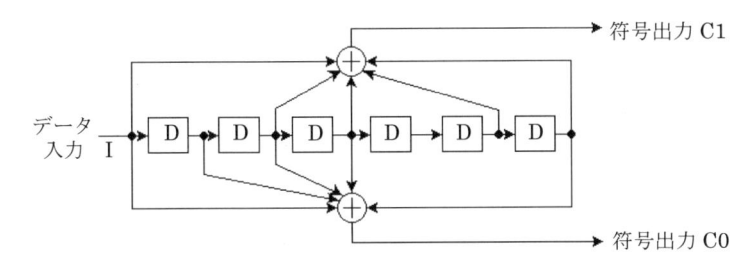

図 4.18　デジタルテレビで用いられる符号化器

　符号化率 1/2 のものは、1 ビットずつ入力されるデータ I に対して、図 4.18 に示す 6 段のシフトレジスタよりなる符号化器から、2 ビットの符号を出力するが、その上位ビットの C1 と、下位ビット C0 は、

$$C1 = 1 + D^2 + D^3 + D^5 + D^6$$
$$C0 = 1 + D + D^2 + D^3 + D^6$$

というように、いずれのビットも最大で 6 スロット前のデータまでを畳み込んで演算に加えている。変調方式が BPSK の場合、C1、C0 の順番に"0"か"1"かに応じて、3.1 節の図 3.4 の 0 度もしくは 180 度の位相の変調を行う。QPSK の場合には C1 と C0 を同時に、(C1,C0) が 00、01、10 あるいは 11 であるかによって、図 3.6 の QPSK のコンスタレーションを書き改めた図 4.19 に従って変調すればよい。

　符号化率が 3/4 のときは、2 ビットの入力から生成される、2 組の C1 と C0 の合計 4 個の符号のうちの 1 個を、表 4.5 の消去マップに従って切り捨てることで対処する。具体的には、最初の 1 ビットのデータ I_1 から生じる C1 を X1、C0 を Y1 とし、次の 1 ビットのデータ I_2 から生成される C1 を X2、C0 を Y2

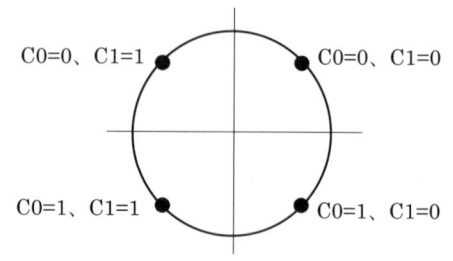

```
        C0=0、C1=1  ●           ● C0=0、C1=0


        C0=1、C1=1  ●           ● C0=1、C1=0
```

図 4.19 畳み込み符号と QPSK の連結

とすれば、Y2 は送信せずに捨て去り、空いた場所には後続の符号を詰め込んでいる。表 4.5 に、その様子を示したように、本来は符号化率 2/4 の符号のうち、1 符号をパンクさせて、2/3 の符号化率にしたものである。

受信機における復号は、消去マップを参照して捨て去られた符号の位置をダミービットで埋め、ビタビ復号法により行う。この際、ダミービットに対しては、ハミング距離の演算などは停止する。このように、畳み込み符号の一部を削除して構成される符号を**パンクチャド符号**(Punctured Convolutional Code)という。

表 4.5 符号化率 2/3 のパンクチャド符号の消去マップ

データ入力 I		I_1	I_2	I_3	I_4	I_5	I_6	I_7	I_8
畳み込み符号	C1	X1	X2	X3	X4	X5	X6	X7	X8
	C0	Y1	~~Y2~~	Y3	~~Y4~~	Y5	~~Y6~~	Y7	~~Y8~~
送信符号	P1	X1		Y3	X4	X5		Y7	X8
	P0	Y1		X2	X3	Y5		X6	X7

その他の 3/4 のパンクチャド符号についても、符号化率 3/6 の畳み込み符号から 2 個の符号を抜き取ったものであり、以下同様に符号化率 5/6、7/8 の場合も、それぞれ 5/10、7/14 の畳み込み符号から、それぞれ 4 個、6 個をカットしている。表 4.6 には、それぞれの捨て去られる符号を抹消線で示してある。

以上に述べてきた 1/2 の畳み込み符号と 2/3 から 7/8 の間のパンクチャド符号の符号化器（復号化器も同じ）は図 4.18 のものが共通に使用できるので、伝送条件により違った符号化率が選択された場合でも、受信機の負担が少なくて

第4章 伝送中のデータ誤りを修復する－誤り訂正技術－

表4.6 3/4、5/6、7/8のパンクチャド符号の削除マップ

	データI	I_1	I_2	I_3	I_4	I_5	I_6	I_7	I_8
3/4	C1	X1	X2	X̸3	X4	X5	X̸6	X7	X8
	C0	Y1	Y̸2	Y3	Y4	Y̸5	Y6	Y7	Y̸8
5/6	C1	X1	X2	X̸3	X4	X̸5	X6	X7	X̸8
	C0	Y1	Y̸2	Y3	Y̸4	Y5	Y6	Y̸7	Y8
7/8	C1	X1	X2	X3	X4	X̸5	X6	X̸7	X8
	C0	Y1	Y̸2	Y̸3	Y̸4	Y5	Y̸6	Y7	Y8

すむ。さらに、これらの誤り訂正符号はBSデジタル放送と地上デジタル放送で共通的に用いられている。

BSデジタル放送では、34.5メガヘルツ幅のトランスポンダでハイビジョン2チャンネルの伝送を行うので、伝送効率のよい8PSK変調が使用されているが、8PSK変調器に直結する形で符号化率2/3のトレリス符号が、誤り訂正手段として用いられている。これは、2ビットの同時入力（I1およびI0とする）のうちの1ビット（I1）は加工せずに、そのまま変調器にC2出力として出力し、残る1ビット（I0）は、前に述べたのと同じ、符号化率1/2の畳み込み符号化を行い、C1、C0の符号出力を得るものである。改めてその式を記せば、

$$C2 = I1$$
$$C1 = (1+D^2+D^3+D^5+D^5)\,I0$$
$$C0 = (1+D+D^2+D^3+D^6)\,I0$$

となり、"0"から"7"までの値をもつ、符号化器の出力$(C2, C1, C0)$は、3.1.3項で説明した8PSK変調器に加えられる。

4.3 エネルギー拡散とインターリーブ

4.3.1 エネルギー拡散

4.2.1項から4.2.3項まで畳み込み符号の基礎について述べ、4.2.4項ではデジタル放送で実際に使わている、畳み込み符号の一種であるパンクチャド符号について説明してきた。順序は前後するが、デジタル放送では、内符号の畳み込み符号化に先だって行われる、**エネルギー拡散**と**インターリーブ**と呼ばれる

処理がある。一般的にデジタル化された画像などのデータは、確率的に"0"あるいは"1"が続いたりすることが多く、その際には変調波のエネルギーが特定のところに偏在することになり、好ましくない。また、受信側で信号からクロックを再生する場合、"0"や"1"が長期間続くと、満足にこれが再生でき難くなる。これらの問題を避けるために行われるのがエネルギー拡散処理である。

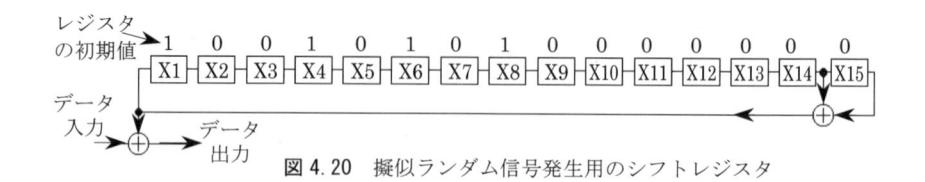

```
レジスタ     1 0 0 1 0 1 0 1 0 0 0 0 0 0 0
の初期値 ┌─[X1]─[X2]─[X3]─[X4]─[X5]─[X6]─[X7]─[X8]─[X9]─[X10]─[X11]─[X12]─[X13]─[X14]─[X15]┐
データ   │                                                                              │
入力 →─⊕─┬→ データ出力                                                              ←⊕←┘
```

図 4.20 擬似ランダム信号発生用のシフトレジスタ

エネルギー拡散は、RS (204,188) 符号の先頭の同期信号や TMCC が入っている部分の1バイトを除いたデータと、15 ビットの擬似ランダム信号（雑音）のエクスクルーシブ OR をとることで行う。この擬似ランダム信号の発生方法は、図 4.20 に示すように、15 段のシフトレジスタと 14 段の出力のエクスクルーシブ OR したものを初段にフィードバックするようにしたもので、各レジスタの初期値も定められている。発生する $2^{15}-1$ 通りのノイズパターンは、204 バイトかその整数倍の周期ごとに、図中に記した初期値にリセットされるので、受信側でも同じパターンを再現することが可能である。受信側では、この擬似ランダム信号を受信データにエクスクルーシブ OR して、拡散前のデータを取り出すことができる。

4.3.2 CS デジタル放送におけるフレーム構成とインターリーブ

データ誤りの原因になるいろいろな雑音源の性質として、一定時間内持続するバースト状の妨害を与えるものがあり、その際に、誤り訂正符号の訂正能力をなるべく超えないように、データを時間方向にあらかじめ散在させておくことが安全である。また、航空機が伝播経路中を飛行していることによる反射妨害や、気象条件により電界強度が変動するフェーディングに対しても、安定した受信が可能になる。これらの目的のため行うのが**インターリーブ**処理である。

前項のエネルギー拡散が、特定のビットパターンへの偏りを防ぐ意味合いが

第4章 伝送中のデータ誤りを修復する－誤り訂正技術－

強いのに対して、インターリーブは、ブロックにまたがり持続する雑音などに起因するデータ誤りにより、その部分のデータ全体が欠落してしまう致命的なトラブルを防止する目的がある。　4.2.1項でその概略を述べたフレーム構成は、インターリーブ処理のルールに従って、数フレームにわたるバイト単位のデータ入れ替えを行って、インターリーブ後の新しいフレームが構築される。このルールは、デジタル放送中でもCSデジタル放送、BSデジタル放送と地上デジタル放送で、その考え方が若干異なっている。

a) インターリーブ前のフレーム

$I=12$

b) インターリーブ後のフレーム

インターリーブの深さ (I)
$I=12$

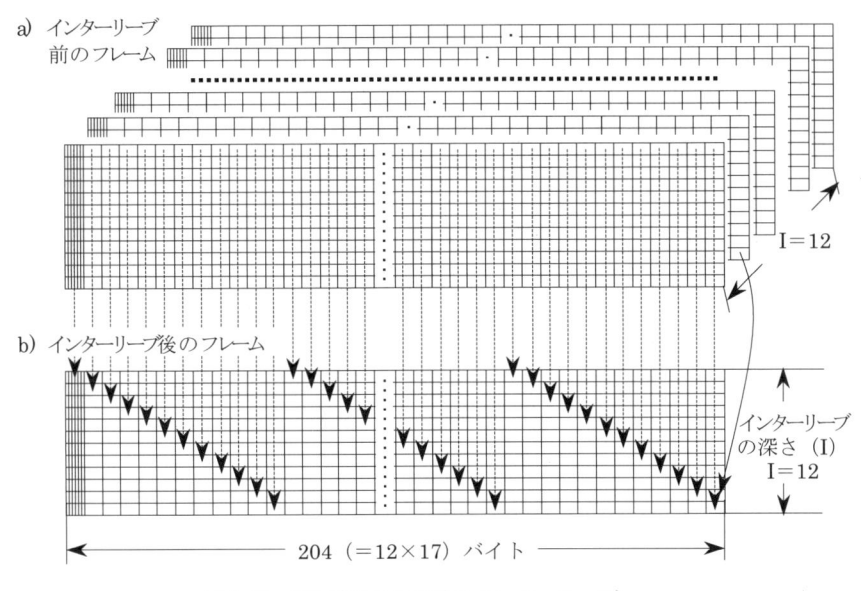

204 (=12×17) バイト

図 4.21　CS デジタル放送のインターリーブ

CSデジタル放送では、DVBやETSI規格に準じたインターリーブを採用している。この規格によると、図4.21のように204バイトからなるスロットを12個集めてひとつのフレームを構成し、このフレーム12枚で、インターリーブされた新しいフレームを構成する。新しいフレームには、最大で12フレーム前のデータが含まれている。一般的に、Nバイト（実際には204バイト）よりなるブロックを、フレーム化し、さらにI個のフレームを集めてインターリーブを行う場合、図4.22に示すような回路を用いれば実現できる。図の左からバイト単位で入力された符号は、1バイトごとに切り替わるI接点のスイッチ

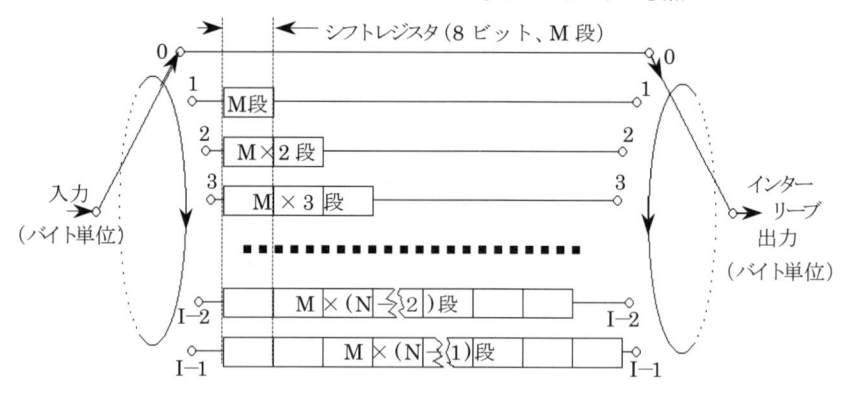

図4.22 インターリーブ処理のブロック図

により、I－1 個のシフトレジスタに接続される。シフトレジスタは 8 ビット並列の FIFO（First-In First-Out）タイプであり、その段数は、どの接点につながっているかによって変わり、接点 1 の場合は M 段、接点 N－1 に接続されたものでは、M×(N－1)段である。N バイトの先端のバイトには、同期バイトが収納されているが、N＝I×M を満足するように選んでおけば、この同期バイトは、常に接点 0 から、シフトレジスタによる遅延なしに出力され、インターリーブ処理からは除外されることになる。なお、I は**インターリーブの深さ**という。

このようなバイト単位のデータの並べ替えを行うと、例えば、インターリーブ前には、1 ブロックの間連続したバースト状の雑音などの影響が、インターリーブ後には、少ない場合でも 12 バイトごとに展伸され、集中的かつ致命的な影響ではなくなる。以上に述べたインターリーブは、**バイトインターリーブ**（byte-wise interleave）や**外符号インターリーブ**（outer interleave）などの名で呼ばれており、全デジタル放送で使用されている。

4.3.3 BS デジタル放送の場合のスーパーフレームとインターリーブ

BS デジタル放送では、先の図 4.11 の横方向の 204 バイトのブロックの先頭にある 1 バイトは、フレーム同期信号や TMCC が入れられているためにインターリーブの対象から外し、残りの 203 バイトを縦方向に 48 個並べて 1 フレームにしている。すなわち、1 フレームは 203×48＝9744 バイトで構成されて

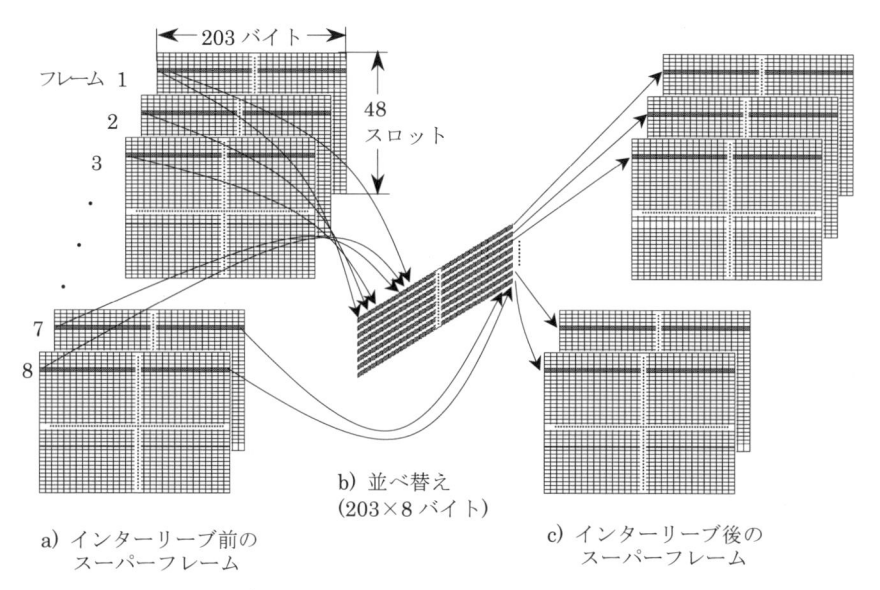

第4章 伝送中のデータ誤りを修復する－誤り訂正技術－

図4.23 ブロックにまたがる誤りを防止するインターリーブ

いることになる。さらに、このフレームを8枚集めて1組のスーパーフレームを構成している。BSデジタル放送では、このスーパーフレーム単位で、畳み込み符号化に先だつインターリーブ処理を行うことになる。

図4.23は、BSデジタル放送のインターリーブの説明図であり、a)は203バイト×48スロットのフレーム8枚で構成されたスーパーフレームを示している。また、階層変調を行う関係上、フレーム内のスロットの順番が狂わないように、スロットの独立性を考慮したインターリーブ処理が行われている。図4.23中の濃く塗った4番目のスロットを例にとると、b)に示したように、各フレームの4番目のスロットの最初のバイトばかりをまず集め、次いで2番目のバイトのみを集めて、これを203バイトに達するまで続け、データの並べ替えを行う。この新しく並べ替えられた203バイトが、c)の新しいフレームの同番目のスロットのデータになる。なお、インターリーブ前後のフレーム構造は全く同じであり、単にデータの並べ替えが行われたのみである。

BSデジタル放送では、第3章で述べたように、高ビットレートが必要なハイビジョン伝送と、高信頼性が要求されるTMCC信号などを並存させるため、8PSKやBPSKなどを混在させた、階層化された変調が行われている。ひとつ

のフレームの中では、最も高い階層である 8PSK のスロットが先に並べられ、次いで QPSK が置かれ、最後に BPSK のスロットの順に並べられる。インターリーブの処理は、これらの階層ごとに行い、処理後は同じ順番に並べられる。バイトインターリーブされた符号は、内符号である畳み込み符号化が行われる。

4.3.4　地上デジタル放送のインターリーブと OFDM フレーム

　地上デジタル放送の場合は、時間的なインターリーブの他に、複数の搬送波であることを利用した周波数インターリーブも新たに利用することができ、より強固な効果が発揮できる。

　エネルギー拡散、バイトインターリーブや畳み込み符号化処理は、階層ごとに行われる。ここでいう階層とは、この後行われる QAM や $\pi/4$ シフト DQPSK など変調方式や時間インターリーブの長さ、畳み込み符号の符号化率が独立して設定される区分のことをいう。畳み込み符号とその符号化率は、$\pi/4$ シフト DQPSK の場合には 1/2 の、64QAM のときには 7/8 のパンクチャド符号が用いられる。畳み込み符号化されたデータには、ビット単位で、**ビットインターリーブ**（bit-wise interleave）を掛けられると同時に、このために生じる遅延の補償が行われる。図 4.24 には $\pi/4$ シフト DQPSK の場合の、図 4.25 には 64QAM の場合のブロック図を示している。

図 4.24　$\pi/4$ シフト DQPSK 変調系統図

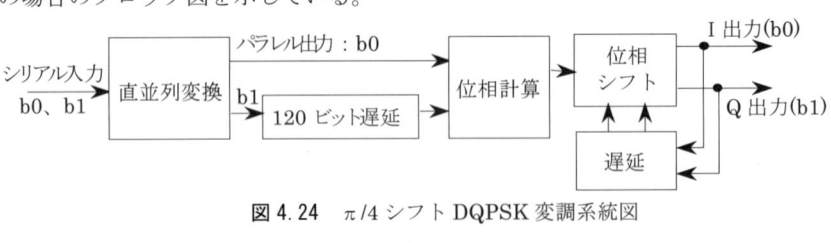

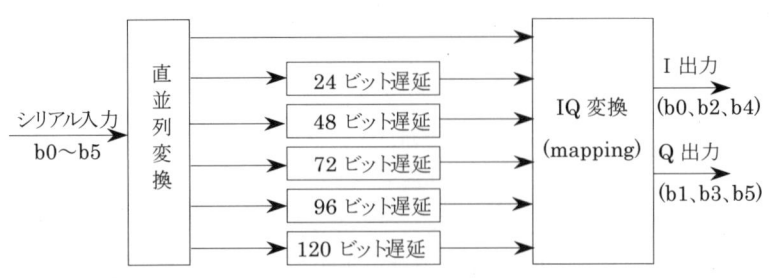

図 4.25　64QAM 変調系統図

第4章 伝送中のデータ誤りを修復する－誤り訂正技術－

ビットインターリーブを終えた各階層の情報は、定められた変調方式のコンスタレーション上に**マッピング**（Mapping）され、I 出力、Q 出力に分けて出力される。これを**キャリヤー変調**ともいう。それぞれに変調された各階層の情報は、ビットレートも異なっているので、これらを再合成するのに先だって、データセグメントごとに一度メモリーに蓄積しておき、OFDM 処理に使用するクロックを用いて呼び出すことにより、タイミングを合わせておく必要がある。

OFDM の搬送波が 13 グループにセグメント化されており、セグメントの中の搬送波数は、3 つのモードのいずれが使用されるかで異なることは、3.2.7 項の表 3.2 に記したが、**データセグメント**とは、このうち、TMCC やパイロット信号などに使われる搬送波数を除いた、情報伝送用の搬送波数であり、例えば、モード 1 の場合、96 本である。モード 2、モード 3 では、それぞれ 192 本、384 本となる。図 4.26 は、速度変換と再合成を行うための回路ブロック図であり、図中では、1 データセグメントの搬送波数を n_C として記している。

図の左側から、キャリヤー変調された情報が、階層ごとに入力される。図では簡単のため 2 階層のみを図示している。データセグメントの割り付けは、単一のセグメントのみのサービスの情報から先に、ゼロから始まるデータセグメ

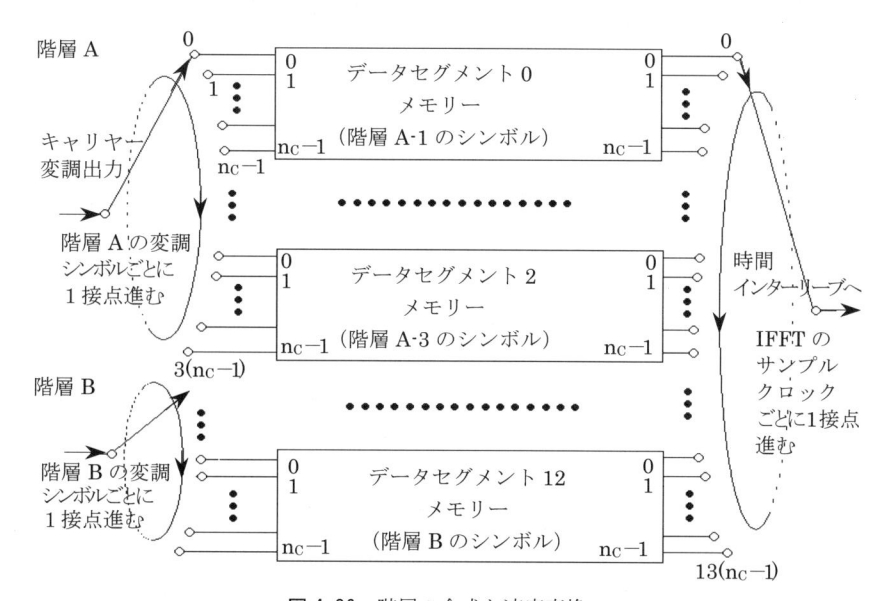

図 4.26 階層の合成と速度変換

ントに配置し、次いで DQPSK 変調が予定されているもの、QPSK、16QAM、最後に 64QAM 変調が指定されている情報の順位で行われる。図 4.26 中の左側のスイッチは、変調のシンボル周期（QPSK と DQPSK のとき 2 ビット、16QAM のとき 4 ビット、64QAM のとき 6 ビット）ごとに接点をひとつ進める。ひとつの階層が複数のセグメントを使用する場合には、複数のデータセグメント用のバッファメモリーには、スイッチで連結されて入力される。中央のバッファメモリーの中では、図の縦方向に OFDM のデータ用搬送波に対応した n_c 個の、横方向には時系列的なシンボルが並んだデータセグメントが形成される。これらのデータセグメントからのシンボルの読み出しは、OFDM を行う IFFT（フーリエ逆変換）のサンプルクロックごとに 1 ステップずつ進み、13 データセグメントに収納されたシンボルを順次読み出して再多重を行うところの、右側のスイッチを通じて行われる。

次の処理である時間インターリーブは、図 4.22 のバイトインターリーブの場合と似た構成の図 4.27 に示すように、シンボルを単位としてインターリーブを行う。インターリーブの深さ I は 32、16、8、0 の中から選択可能であり、DQPSK の場合 16 が、64QAM のときは 8 が選ばれる。シフトレジスタの段数は、

$$I \times m_i \quad (i=0,1,\cdots,n_C-1)$$

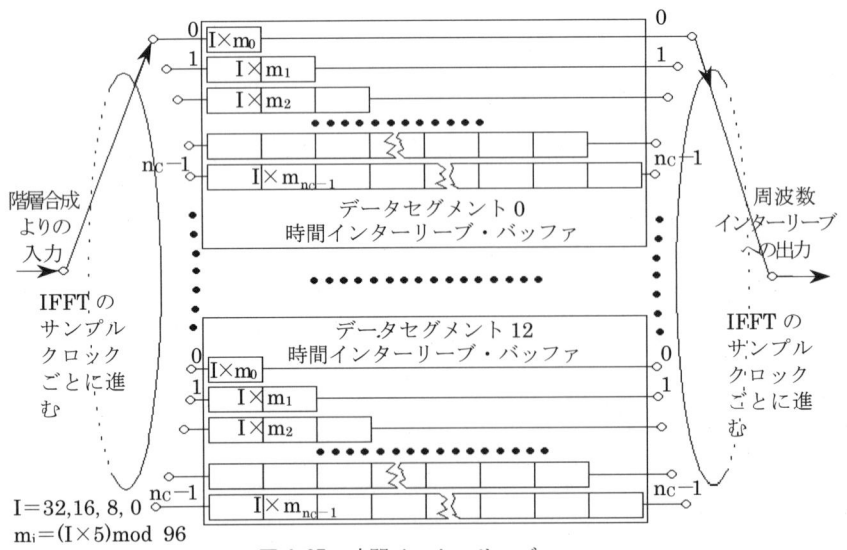

図 4.27　時間インターリーブ

であり、m_i は I の 5 倍を 96 で割った剰余の数、式で表せば、

$$m_i = (I \times 5) \bmod 96$$

になるような値が選ばれている。時間インターリーブでは、最大で 95×32 シンボルの遅延が掛けられることになり、電界が刻々変化する移動体受信での信号の欠落を緩和し、固定受信の場合でも、飛行機からの反射波による電波の打ち消しなどによる受信品位の変動を緩和することができる。

　周波数インターリーブは以下のような 3 種の方法が用いられる。まず、**セグメント間周波数インターリーブ**は、13 セグメントに分けられた OFDM の多数の搬送波に載せられるデータセグメントの情報をランダム化することにより行われる。ただし、1 セグメントのみを用いる部分受信サービスの場合は、セグメント間周波数インターリーブは除外される。これ以外のデータセグメントでは、図 4.28 のように、同階層の複数のデータセグメントの間で行われる。なお、QPSK、16QAM および 64QAM のキャリヤー変調搬送波の位相が I、Q 軸に固定された変調方法をとる階層は、階層が異なっていても、セグメント間周波数インターリーブの対象になる。セグメント間の周波数インターリーブの効用としては、ゴースト妨害などにより特定の搬送波が打ち消されて、ここで伝送している情報の振幅が低下することを防止することなどが挙げられる。

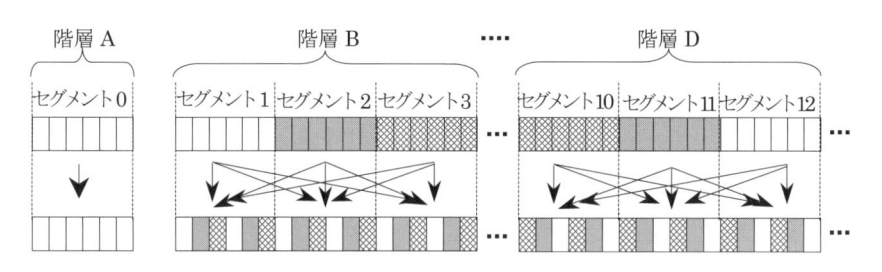

図 4.28　セグメント間周波数インターリーブの概念

　この処理について具体的に記すと、セグメント間周波数インターリーブは、インターリーブの対象になるゼロから m−1 セグメント内のシンボルに通しのサフィックスをつけ、データ用搬送波数を n_c とすれば、インターリーブ前後のシンボルの移動は、図 4.29 のようになる。なお、図中の移動を示す矢印は m＝3 の場合のものである。図では複雑そうに見えるが、並び替え前の m 個のデ

ータセグメントのすべてから、順番に1シンボルずつ抜いてきて、新しいデータセグメントのひとつひとつにシンボルを並べ替えただけである。

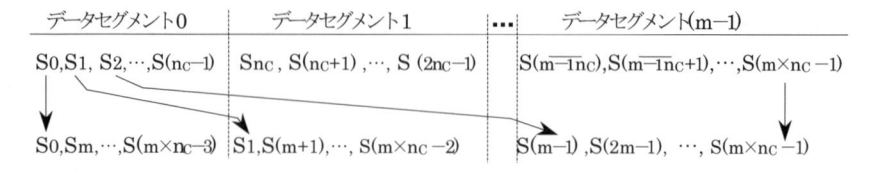

データセグメント0	データセグメント1	...	データセグメント(m−1)
$S_0,S_1,S_2,\cdots,S(n_C-1)$	$S_{n_C},S(n_C+1),\cdots,S(2n_C-1)$		$S(\overline{m-1}n_C),S(\overline{m-1}n_C+1),\cdots,S(m\times n_C-1)$
$S_0,S_m,\cdots,S(m\times n_C-3)$	$S_1,S(m+1),\cdots,S(m\times n_C-2)$		$S(m-1),S(2m-1),\cdots,S(m\times n_C-1)$

図4.29 セグメント間周波数インターリーブによるシンボルの移動
（上段：インターリーブ前、下段：インターリーブ後）

セグメント間周波数インターリーブとは別にすべての階層に対して、**セグメント内インターリーブ**として、**キャリヤー・ローテーション**（carrier lotationまたはpermutation）と**ランダマイズ**の2種類の処理が行われる。ローテーションは、セグメント間周波数インターリーブ後に、再構成されたセグメント内のデータフレームの中のシンボルに対して、図4.30のような並べ替えを行う。図で、セグメント内のk番目の搬送波を例にとると、セグメント間周波数イン

搬送波	シンボル							
0	$S_{0,0}$	$S_{1,0}$	$S_{2,0}$	$S_{3,0}$	$S_{4,0}$	……	$S_{96\times C-2,0}$	$S_{96\times C-1,0}$
1	$S_{0,1}$	$S_{1,1}$	$S_{2,1}$	$S_{3,1}$	$S_{4,1}$	……	$S_{96\times C-2,1}$	$S_{96\times C-1,1}$
k−2	$S_{0,k-2}$	$S_{1,k-2}$	$S_{2,k-2}$	$S_{3,k-2}$	$S_{4,k-2}$	……	$S_{96\times C-2,k-2}$	$S_{96\times C-1,k-2}$
k−1	$S_{0,k-1}$	$S_{1,k-1}$	$S_{2,k-1}$	$S_{3,k-1}$	$S_{4,k-1}$	……	$S_{96\times C-2,k-1}$	$S_{96\times C-1,k-1}$
k	$S_{0,k}$	$S_{1,k}$	$S_{2,k}$	$S_{3,k}$	$S_{4,k}$	……	$S_{96\times C-2,k}$	$S_{96\times C-1,k}$
k+1	$S_{0,k+1}$	$S_{1,k+1}$	$S_{2,k+1}$	$S_{3,k+1}$	$S_{4,k+1}$	……	$S_{96\times C-2,k+1}$	$S_{96\times C-1,K+1}$
k+2	$S_{0,k+2}$	$S_{1,k+2}$	$S_{2,k+2}$	$S_{3,k+2}$	$S_{4,k+2}$	……	$S_{96\times C-2,k+2}$	$S_{96\times C-1,K+2}$
n_C	$S_{0,0}$	$S_{1,0}$	$S_{2,0}$	$S_{3,0}$	$S_{4,0}$	……	$S_{96\times C-2,0}$	$S_{96\times C-1,0}$
k	$S_{0,k}$	$S_{1,k+1}$	$S_{2,k+2}$		……		$S_{96\times C-2,k-2}$	$S_{96\times C-1,k-1}$

図4.30 セグメント内搬送波ローテーション

第4章 伝送中のデータ誤りを修復する－誤り訂正技術－

ターリーブが終わったデータセグメントのk行から、まず、図中に丸印で囲った1列目のシンボル$S_{0,k}$を抜き取り、次にk+1行から2列目のシンボル$S_{1,k+1}$という風に、行、列が1個ずつずれたシンボルを集めて、新しいk行のシンボルにするものである。なお、右端のシンボルに付したCは、モード1のときに1、モード2と3では、それぞれ2および4として、それぞれのモードのデータ用の搬送波数に合わせる。

これまで述べてきたインターリーブ処理だけでも、多段にわたる処理であったが、いよいよ最後のステップがランダム化である。この処理は、一切の規則性を排して、乱数表のようなテーブルを用いて搬送波に載せるシンボルをランダマイズする。図4.31は、モード1の場合のランダマイズ前後の搬送波の番号をグラフ化して示している。

周波数インターリーブされたデータは、TMCC信号やパイロット信号などと

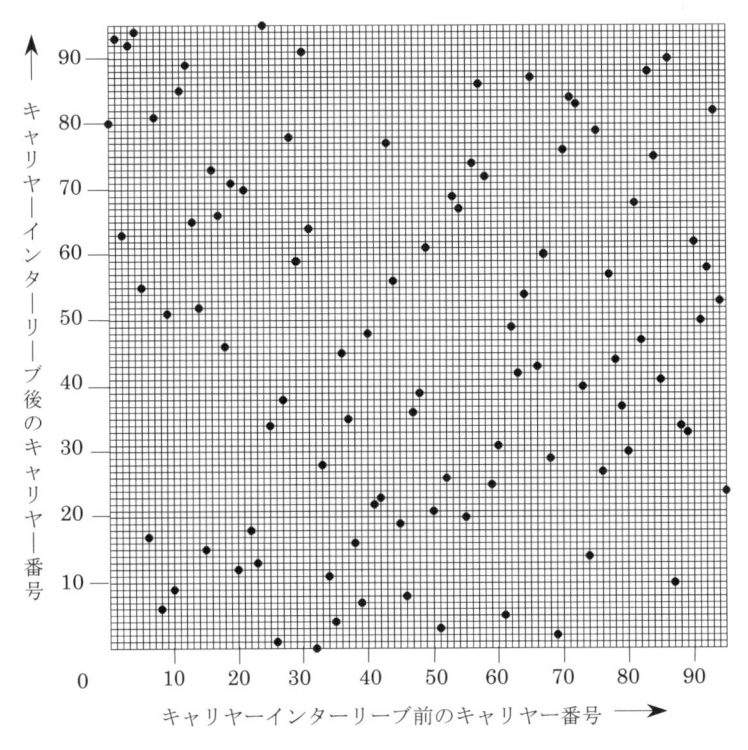

図4.31 搬送波のランダム化（モード1の場合）

ともに、横が1セグメントの全搬送波数、縦が204シンボルのOFDMフレームにまとめられる。図4.32および図4.33には、それぞれモード1でのDQPSK変調と、QAM/QPSK変調におけるOFDMフレーム構成を示している。I軸用のシンボルとQ軸用のシンボルは交互に並べられている。この後、これらのシンボルはフーリエ逆変換の後、ガード期間を付加され、A→D変換の後、所定周波数の90度位相が異なる2つの搬送波でI、Q、2軸の直交変調を受け、混合されて送信されることになる。

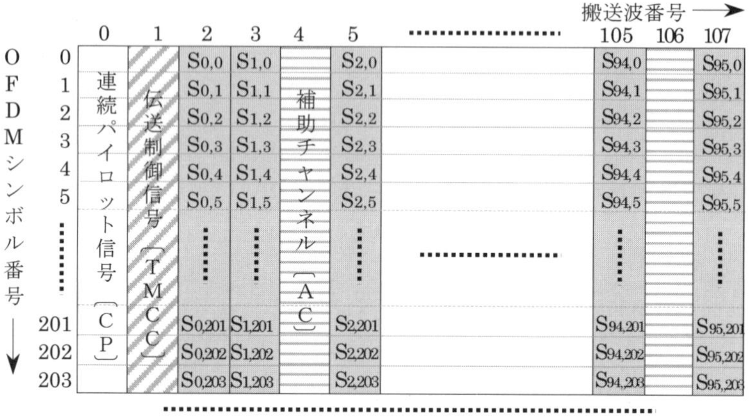

図4.32 OFDMフレーム（モード1、DQPSKの場合）

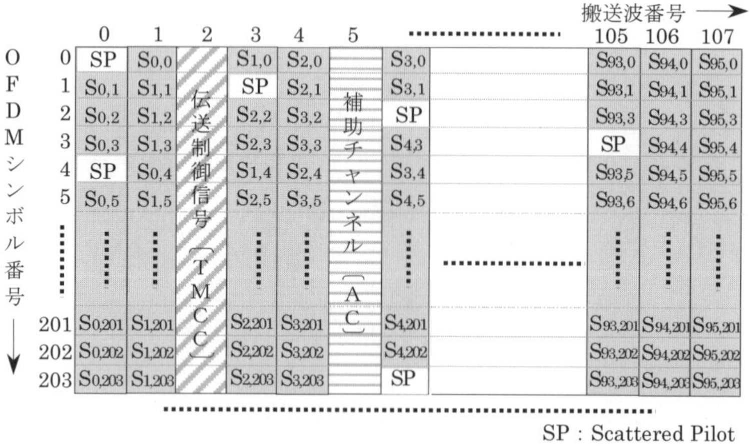

図4.33 OFDMフレーム（モード1、QAM、QPSKの場合）

SP : Scattered Pilot

第5章

音声の高能率符号化とパケット伝送

　動画像のデータ量を圧縮する手法については、第2章で詳しく述べてきたが、画像とともに放送される音声のデータ量も無視できないほど大きい。この章では、音声の高能率符号化についての解説を前半に行い、続いて章の後半に、画像や音声などのデジタル化されたデータを混在させて送信する仕組みのひとつであるパケット伝送について説明を行う。

スイス・レマン湖畔の町モントルーで、西暦の奇数年に開催される国際テレビジョン・シンポジウム（ITVS）の期間には、欧州だけではなく、世界中から多くの関係者が集まる。欧州が先行したデジタルテレビ技術は世界各国のテレビ方式に取り入れられている。

[写真上] レマン湖上の遊覧船とモントルー市街
[写真下] モントルーの街外れにあるシロン城

5.1 音声の高能率符号化

5.1.1 音声のデータ量は無視できないほど多い

人が聴覚できる音の周波数については、個人差や年齢差もあるが、平均して20キロヘルツまでであり、それだけの帯域を伝送すれば十分というのが定説である。音声をデジタル化する場合、ナイキストのサンプリング定理に基づいて、少なくとも40キロヘルツの周波数、周期では逆数の25マイクロ秒ごとに音声をサンプリングし、データ化することが必要になる。デジタル化で先行したCDなどの音声記録再生装置では、多少余裕をみた44.1キロヘルツや48キロヘルツがサンプリング周波数として選ばれている。

音の大小のレベルに関しても、囁くような小さなレベルの音から、耳を聾さんばかりの大音量までを忠実に再現するには、1から10^5の間の5桁もレベル差がある音を、忠実に伝送することが要求される。さもないと、オーケストラの演奏を聴いて、臨場感を味わったり、感動を得ることが難しくなる。これだけのダイナミックレンジを得るためには、音声をデータする際に、データの刻みを2^{16}段階、すなわち、16ビット以上に選ぶ必要が生じる。連続したアナログ量をA→D変換して、PCM (Pulse Code Modulation) などのデジタルのデータにすることを**量子化**という。この際、データの刻み幅が粗いと、データの不連続に起因した**量子化ノイズ**が現れる。映像でも6ビット程度の粗さで量子化すると、顔などに等高線状の縞が現れるが、音声の場合に生じる量子化ノイズはさらに深刻であり、一度に音の品位を低下させてしまう結果になる。2チャンネルのステレオ音声を伝送するのに必要なデータ量はこれらから、

$$2(チャンネル) \times 44.1 \times 10^3 (ヘルツ) \times 16(ビット) \fallingdotseq 1.40 \text{メガビット}/秒$$

と優に1メガを超える膨大なデータ量になることがわかる。

これだけのデータ量を記録したり、送信するのには困難が伴う。以前からデータ量を減らすために、いくつかの高能率符号化方法が編み出されていた。画像の場合と同様に、音声にも多くの冗長性が含まれているが、これを除去する方法として、ベクトル量子化を行うものや、周波数帯域をいくつかのサブバンドに分けて分析し、周波数軸のデータに変換するもの、さらにはDCTを用いる方法などが検討されてきた。これらは、デジタルオーディオ機器やインター

ネット通信用途などで、多く実用化されている。

データ量の削減方法は、次の2種類に大別される。DVD オーディオのように、符号化されたデータを復号すれば、もとのデジタルデータに戻れる**可逆圧縮**（lossless compression）といわれる方法が、そのひとつである。しかし可逆圧縮は、物理的に原音に忠実な方法ではあるものの、大きな圧縮率は得られない。一方、**不可逆圧縮**（lossy compression）と称される、聴感上で原音に近付けることに割り切った代償として、高い圧縮率が得られる方法も開発された。MPEG で標準化検討を進め、動画像の高能率符号化と併せて、ISO（International Organization for Standardization：国際標準化機構）と IEC（International Electrotechnical Commission：国際電気標準会議）の共同規格として登録されている MPEG オーディオの規格は、すべて不可逆圧縮を用いている。

MPEG-2 では、上位互換性がある3種のレイヤーの音声圧縮規格が先に制定されていたが、これらとは別に 1997 年に、さらに圧縮率を高めた **AAC**（Advanced Audio Coding）と呼ばれる ISO/IEC13818-7 規格が、互換性はあきらめた独立規格として設けられた。BS デジタル放送や地上デジタル放送では、これを採用している。**MPEG-2 AAC** は、他の不可逆圧縮と同様に、心理聴覚（psycho acoustics）に基づいて、人が聴覚できない音の領域はデータ化しないことで、圧縮効果を高めている。これによると、2 チャンネルステレオの場合、96 キロビット/秒程度の伝送量でも CD なみの音質が得られ、約 1/15 の圧縮率が得られる。次項以降、MPEG-2 AAC について、その技術の解説を行う。

5.1.2 人が可聴できるレベルの音だけをデータ化する

音の周波数と大きさを変えて、人の耳の周波数依存性を実験的に求めた曲線は、フレッチャー・マンソン（Fletcher & Munson）のラウドネス曲線として知られている。これによると、人の聴覚は、中音域では鋭敏であり、低音域と高音域では鈍感であることがわかる。音量を下げていくと、やがて聞こえなくなる可聴限界に達するが、この限界も周波数により異なり、同様に、中音域ではかなり低いレベルの音でも認識でき、低音域や高音域ではレベルの高い音でないと知覚できない。図 5.1 は、静寂なときの各周波数における音が聞こえる限界のレベル、すなわち**絶対可聴しきい値**の例を示している。高域周波数の絶

第 5 章　音声の高能率符号化とパケット伝送

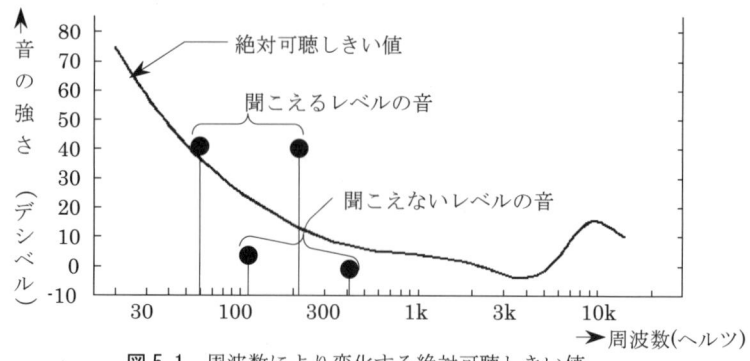

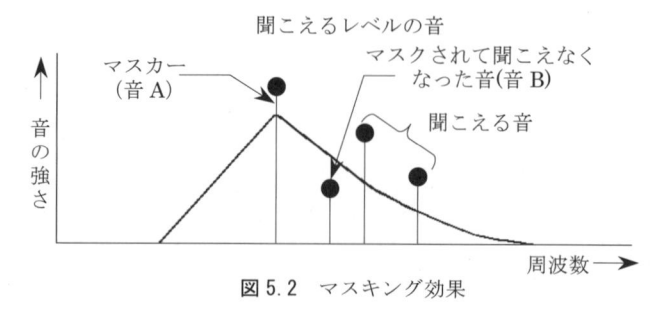

図 5.1　周波数により変化する絶対可聴しきい値

対可聴しきい値は、サンプリング周波数が低い場合には、再生された高域周波数の減衰も大きいため、しきい値も高く選ぶことになる。可聴限界以下のレベルの音声は、忠実に量子化を行っても無駄なので、可聴レベル以上の音声のみを符号化することにすれば、全体のデータ量を減ずることができる。

さらに、人の耳の特性として、図 5.2 に示したように、ある周波数の大きな音 A があると、これに近い周波数の小さな音 B は、音 A に遮られ、かき消されて、知覚できなくなる性質がある。このような音 A を**マスカー**（masker）と呼んでいる。遮られる音は、その周波数がマスカーから離れているほど受ける影響は小さくなる。また、マスクされる範囲は、低域側では狭く、高域側では広がったものになる。

図 5.1 の静寂時の可聴限界しきい値と、図 5.2 のマスキング効果のしきい値を重ねて記したものが図 5.3 である。図中のハッチングされた領域の音声は、マスキング計算の結果、心理聴覚上、聞き取れない音として、以降の処理ではビット割り付けの対象外になる。

図 5.2　マスキング効果

第 5 章　音声の高能率符号化とパケット伝送　　　　　　　　　　　　　115

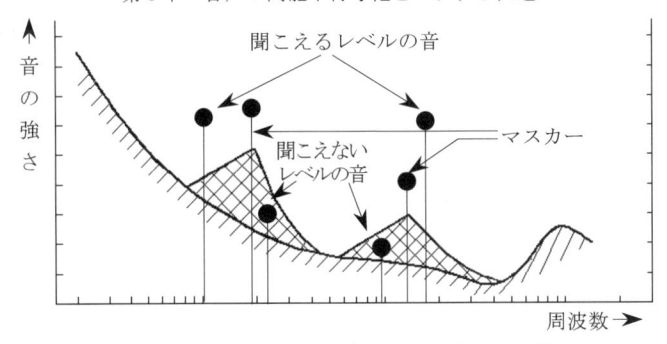

図 5.3　マスカーにより変化する可聴しきい値

5.1.3　音声データを長短のウインドウを用いブロック化する

　音声のデータでも画像データと同様に、時間波形のデータを周波数領域のデータに変換したほうがデータ量は少なくてすむ。音声データは、サンプリング周期ごとにデジタル化された離散データになるので、離散フーリエ変換が用いられる。MPEG-2 AAC では、この一種である **MDCT**（Modified DCT）を用いている。画像の場合と異なり、音声は一次元のデータなので、時間波形を連続的に切り取ってブロックを構成していく。このブロックの切り出しは、図 5.4 のような**ウインドウ関数**を時間波形の PCM データに掛け算して行う。

　MPEG-2 AAC では、長短 2 種のウインドウを設けている。長いほうのウインドウにより切り取られる音声データは 2048 個であり、先行したどの規格よりも大きく選ばれており、ブロックごとに付ける付帯データが少なくてすむ分だけ、効率を高めることができる。2048 個のサンプルは、44.1 キロヘルツのサンプリング周波数の場合には、約 0.05 秒分の音声データに相当している。この長いウインドウは、入力の音声が、定常的な音声であるときに用いられる。

　静かさを突き破って突然鳴り響くドラムの音のように、レベルが急変する音声（アタックという）に対しては、長いウインドウでデータを切り取った場合、プリエコーを発生する不都合がある。プリエコーとは、アタックをデジタル化した際の量子化歪が、ウインドウの全域にわたってばらまかれ、特に振幅の小さな信号部分では、大きな歪となって聞こえる現象をいう。この対策として、MPEG-2 AAC では、図 5.4 b) に示すような 256 サンプルの短いウインドウが設けられている。この短いウインドウは 8 段連続で用いられ、長いウインドウ

a) ブロック構成の例

長いウインドウ　短いウインドウ

振幅

時間

←2048サンプル→
←2048サンプル→
50%
オーバーラップ

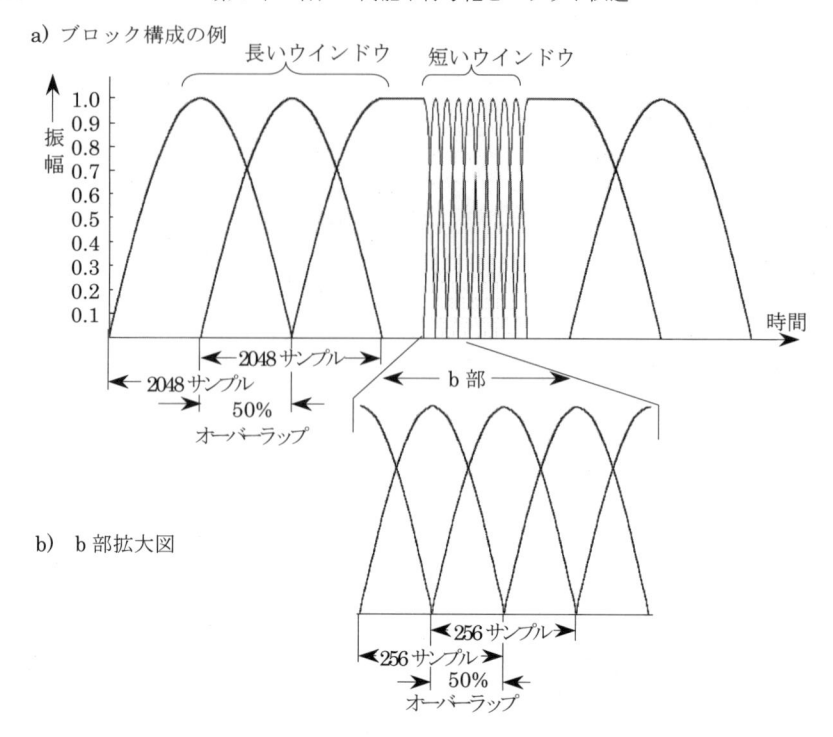

b部

b) b部拡大図

←256サンプル→
←256サンプル→
50%
オーバーラップ

図5.4　音声データのブロック化のためのウインドウ関数

と同じデータ数に揃えている。短いウインドウの前後にある長いウインドウは、形状を変えた2048サンプルのものを使用する。レベルが急変する音声が入力された際には、心理聴覚分析部でこれを検知して、短いウインドウに切り替え、アタックの部分に適切な量子化レベルを与えるとともに、前述のプリエコーを防止する。ウインドウの切り替えは、ウインドウの中間点で行われ、前半のウインドウの処理が、ひとつ前のウインドウと連続したものになるように配慮されている。

長短2種のウインドウはともに、前後のウインドウと図5.4に示すように、50%ずつの時間、オーバーラップしている。音声データは、図5.5のp−1、p、p+1番目の隣り合ったウインドウで、二重に抜き取られることになるが、重複した2つの音声データが処理の過程で、加え合わされることを考慮して、ウインドウ関数の値が設定されている（図は簡便のためアナログ波形で示す）。これ

第5章 音声の高能率符号化とパケット伝送

a) 音声データ
 (アナログ波形で
 図示している)

b) p-1, p, p+1 番目
 のウインドウ

c) 抜き取られた
 音声データの
 ブロック

p-1 番目のブロック

p 番目のブロック

p+1 番目のブロック

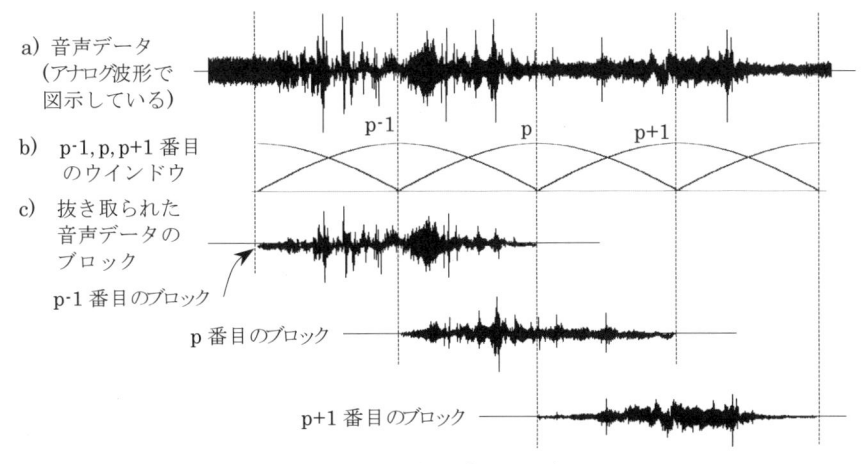

図 5.5 抜き取られた音声データのブロック

は、前後のウインドウの間で、ビット割り当てが違った場合などに生じる、ブロック境界での音声の不連続を避けるためである。50%の重複は、符号化効率を阻害するように思えるが、そうではない。これについては次項で説明する。

長いほうのウインドウ関数には、2種類の形状が設けられている。ひとつはサイン波状に裾が急峻に切れた窓、もうひとつは変形カイザー・ベッセル形の裾が広がった窓である。周波数スペクトラムが密につまった音声入力には前者が、間隔が疎なスペクトラムの場合には、後者が適しているといわれる。

5.1.4 MDCT で周波数領域のデータに変換する

前項に説明したウインドウで抜き取られ、ブロック化された音声データを、周波数領域の係数に変換するのに、AAC では離散コサイン変換の一種の MDCT を用いる。$X(k)$ を変換後の k 次の高調波の係数、N をブロックを構成する音声サンプルの個数、$z(n)$ をウインドウ通過後の n 番目の音声サンプル値とすれば、MDCT の順変換式は、

$$X(k) = 2 \times \sum_{n=0}^{N-1} z(n) \times \cos\left\{(n+n_0) \times \frac{2k+1}{N}\right\} \pi \quad [k=0, 1, 2, \cdots\cdots, \frac{N}{2}]$$
$$\cdots(5.1)$$

で表され、N 個の時間領域の入力に対して、$N/2$ 個の周波数領域の係数が得られる。ここで、n_0 はオフセットのための項であり、$n_0 = (N/4) + (1/2)$ で定義され

る。

通常の DCT であれば、(5.1)式のコサインの括弧の中の N を 2N と置いて、k も N−1 までの範囲に広げた (5.2) 式を用いて、

$$X(k) = 2 \times \sum_{n=0}^{N-1} z(n) \times \cos\left\{(n+n_0) \times \frac{2k+1}{2N}\right\} \pi \quad [k=0, 1, 2, \cdots\cdots, N-1]$$
$$\cdots(5.2)$$

N 個の係数が得られるところである。しかし、この DCT は、図 5.6 b) に示すように無駄が多い。(5.2)式の MDCT 変換による N/2 個の係数は、仮に範囲を N−1 まで拡大したとしても、その結果得られる N 個の係数は N/2 を境にして左右対称に折り返した形であり、演算の範囲を N/2 に限ってもよさそうである[図 5.6 c)]。これを N=256 の小さいウインドウの例で説明すると、周波数の次数 k が 127 と 128 のときの係数 X(127)、X(128)は (5.1) 式から、

$$X(127) = 2 \times \sum_{n=0}^{255} z(n) \times \cos\left\{(n+64.5) \times \frac{255}{256} \pi\right\}$$

$$X(128) = 2 \times \sum_{n=0}^{255} z(n) \times \cos\left\{(n+64.5) \times \frac{257}{256} \pi\right\}$$

となり、コサインの軸対称性から、両者はすべての n に対して符号の違いのみで大きさは等しくなる。X(126)と X(129)以降についても同様であり、一般的には X(n)と X(N−n−1)の係数の絶対値は等しくなるので、有効な N/2 個の係数だけを周波数領域に変換された音声データとして伝送すればよい。

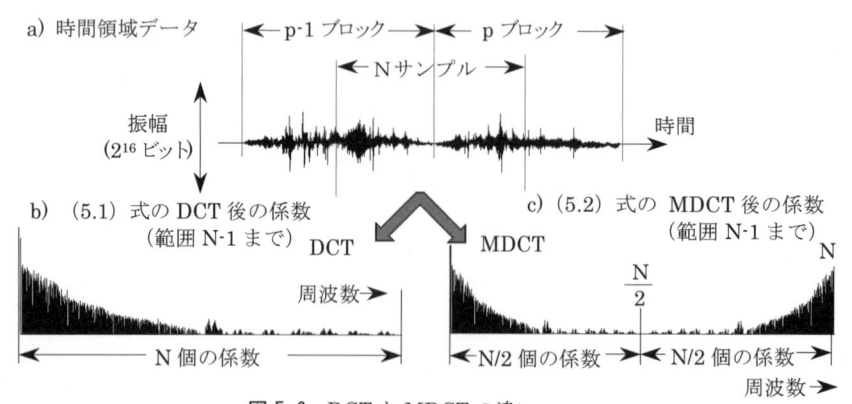

図 5.6　DCT と MDCT の違い

(5.1) 式の、時間軸データ z(n) は、同じウインドウの中の N 個のデータではなく、図 5.6 a) に示したように、ひとつ前 (p−1) のウインドウの後半からと、現在 (p) のウインドウの前半から、それぞれ N/2 個のデータを集め N 個にする。

復号の際には、ひとつ前のウインドウの後半の N/4 個の係数と、現在のウインドウの前半の N/4 個の係数を連結して N/2 個の周波数領域のデータにした上で、MDCT の逆変換を行う。逆変換で得られた N 個の時間軸上のデータはウインドウがオーバーラップしていた冗長さも省かれ、かつブロックの繋ぎ目の影響がない、連続的な音声データが復元できることになる。

5.1.5 M/S ステレオとインテンシティ・ステレオ

L（左）と R（右）の 2 チャンネル・ステレオ信号を符号化して、独立に伝送するよりは、両者の和（Mid : M=L+R）すなわち、左右のスピーカーの中央の音にあたるチャンネルと、差の音声（Side : S=L−R）を伝送するほうが、データ量が少なくてすむことが多い。受信の際に L と R に再合成する過程で、量子化ノイズを可聴レベル以下に落し込める利点もある。AAC を含む MPEG の音声符号化では、ブロック単位で、どちらがデータ量が少ないかの判定を行い、少ないと判定されたほうで符号化し、識別信号を付けて送信する。

これとは別に、高域周波数のデータ量の削減のために、インテンシティ・ステレオ符号化も用いられている。2 キロヘルツ以上の高い周波数の音に関して

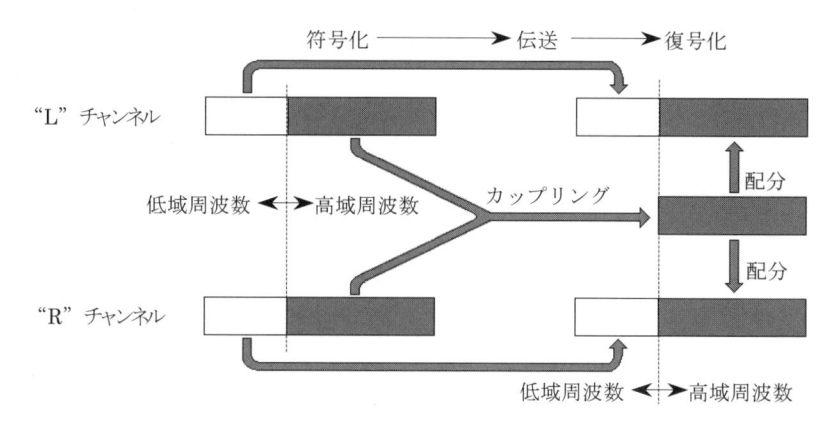

図 5.7　インテンシティ・ステレオの概念図

は、厳密にLとRの信号を提示した場合と、モノラル化して1チャンネルにした音を、所定の比率でL、Rに再配分した擬似的なステレオ音声を、心理聴覚的に聞き分けることは困難である。人の耳は高音域の位相に対しては、特に鈍感であり、音のレベルだけしか感じないためである。インテンシティ・ステレオは、図5.7のように、高い周波数領域の音はL、Rを合わせたひとつのカップリング・チャンネルのみしか伝送せず、受信機での復号時には、同時に伝送されてきた配分情報を用いて、LおよびRチャンネルに配分するものである。インテンシティ・ステレオ符号化は、特に低ビットレートの符号化に用いられる。以上述べた2種の方法は、LとRの共通成分を抽出して、データ量が少ない符号化を行っており、これらを**ジョイント・ステレオ**と呼んでいる。

5.1.6 MPEG-2 AACの処理フローと使われている要素技術

　図5.8にMPEG-2 AAC全体の処理フローを記している。この中で使われているいくつかの要素技術については前項までに説明をすませたが、残る部分について本項で簡単に補足する。図の左上の心理聴覚分析部では、入力された時間領域の音声データフレームを、**FFT**を用いて周波数スペクトラム化した上で、5.1.2項で述べたマスキングしきい値を計算する。同時にフレーム内の周波数スペクトラムを複数のサブバンドに細分化して、サブバンド内の許容量子化ノイズレベルを決定する。許容量子化レベルは、時間軸のデータ上で行ってもよいが、ここでは同じ結果が得られる周波数軸の係数データ上で決定している。

　音声の圧縮技術に関する過去の努力の大半が、この量子化ノイズとの戦いであるといっても決して過言ではない。MPEG-2 AACの場合でも同様に、量子化ノイズはデータフレーム全体の総ビット量を大きく選ぶほど検知され難くなる。AACでは、この検知限にあたる総ビット量を**PE**（Perceptual Entropy：**心理聴覚エントロピ**）として、以降の制御に用いる。PEの値はアタックなど鋭い音量レベルの変化があるデータフレームでは、大きな値を示すことになる。5.1.3項の長短ウインドウの切り替えは、このPEの値により行われる。

　ウインドウ処理とMDCTに続く**TNS**（Temporal Noise Shaping：**瞬時ノイズ形成**）処理は、例えば、長いウインドウの終わり頃に、短いウインドウに切り替える限度を下回るアタック状の音声が入力されたケースでは、量子化ノイズが長いウインドウの全域に振りまかれる危険があり、これを防止するために

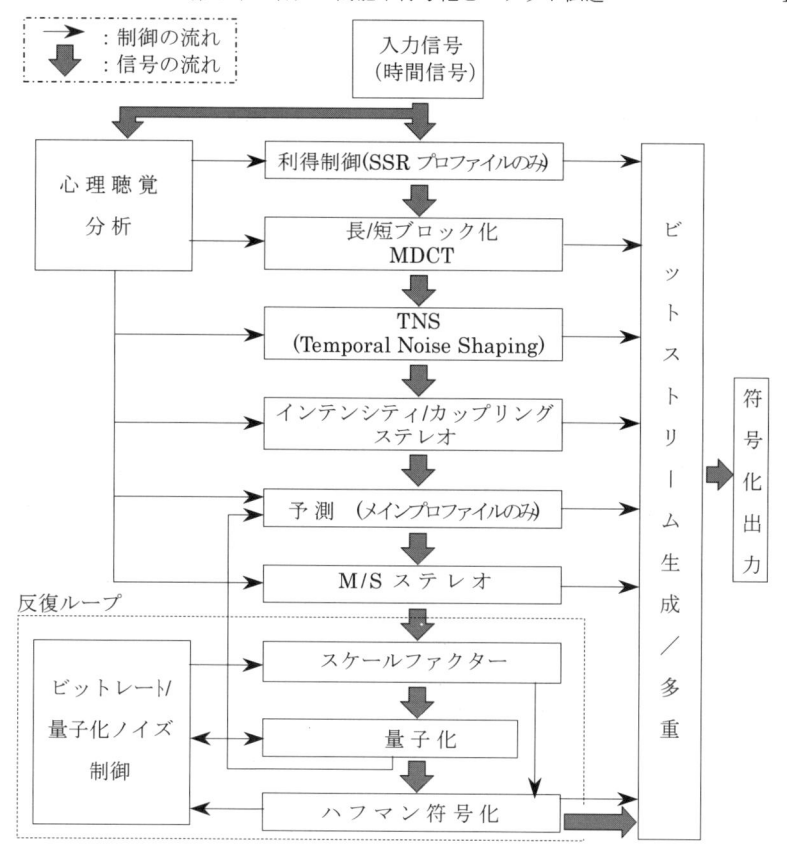

第5章　音声の高能率符号化とパケット伝送

```
┌─────────────────────┐
│ ━━▶ : 制御の流れ    │
│ ━━▶ : 信号の流れ    │
└─────────────────────┘
```

図5.8　MPEG-2 AAC の処理フロー

設けられた処理である。このような現象は、声の間隔が空いたスピーチなどの場合に起こり勝ちである。TNS処理は量子化ノイズの予測を、時間軸上で行うのと同じように、周波数領域で予測した上で、適切なデジタルフィルターを挿入し、フィルターを通過した後の MDCT の係数を伝送しようというものである。受信機側での復号の際には、同じフィルターを復元する必要があるが、これを可能にするために、デジタルフィルターの係数も同時に伝送されている。復調された音声での量子化ノイズは、音量レベルが大きいアタック状の部分に集中するので、ノイズはマスキングされて発見され難くなる。

MPEG-2 AAC では、長いほうのウインドウでブロック化された周波数スペクトラムの一個一個を、2つ前までのブロックのスペクトラムと比較して、予

測を行い、予測値と入力スペクトラムの差を符号化することにより、冗長度を削減している。この周波数軸上の予測は、定常的な音声の場合には有効であるが、アタックなどトランゼントがある音声には使用できないので、短いウインドウからつくられたブロックの場合には、この処理は用いていない。

　ステレオ処理を経た MDCT 係数は、いよいよ量子化されることになるが、量子化は、周波数で分けられたいくつかのサブバンドごとにグループ分けされた**スケールファクタ・バンド**と呼ばれる複数個の係数を用いて行われる。スケールファクタ・バンド内の MDCT 係数の個数は、低域側では少なく、高域側では多くなるように、あらかじめ決められている。量子化は、量子化ノイズが先に求めた許容レベル以下に納まるように行われる。量子化された MDCT 係数は**ハフマン符号化**して、さらにデータ量の削減を行う。ハフマン符号化とは、第 2 章での説明と同じく、出現頻度の高い MDCT 係数値に短い符号長の符号を割り付け、低いものには長い符号を割り振るようにしたものである。この量子化やハフマン符号化は、図 5.8 中の点線で囲った反復ループ内で、生成されたデータ量が、割り当てられたビット数以下になるまで繰り返し行われる。

5.1.7　5.1 チャンネルのサラウンド音響

　MPEG-2 AAC は、サンプリング周波数 8～96 キロヘルツ、48 チャンネルの音声までの拡張性が考えられている。また、狭帯域音声やデータなどが伝送で

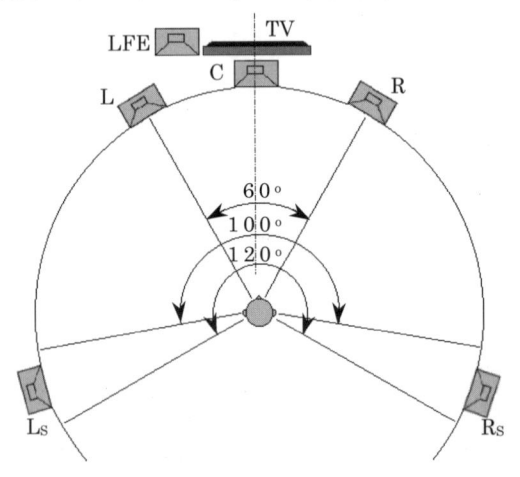

図 5.9　サラウンド音響のスピーカー配置

きるチャンネルも 15 チャンネルまで対応可能になっている。これだけの余裕があると、図 5.9 に記したような、映画館なみの臨場感が味わえるサラウンド音響システムの多チャンネル音声が、比較的容易に伝送できる。図は、ITU（国際通信放送連盟）が ITU-R BS775-1 規格の中で定めている、前方 3 チャンネル・ステレオ（L,C,R）とサラウンド用の後方 2 チャンネル（Ls, Rs）の、合わせて 5 チャンネル・オーディオの標準的な設置条件に、**重低音強調**（LFE：Low Frequency Enhancement ）用の 0.1 チャンネルの狭帯域オーディオを加えたサラウンド音響システムを示している。このために必要な、独立した 5 チャンネルおよび 0.1 チャンネルの音声を伝送するのに、AAC では約 320 キロビット/秒の容量があれば十分であるといわれている。

5.1.8　MPEG-2 AAC のプロファイルと日本のデジタル放送規格

　MPEG-2 AAC を用いて符号化する際に、次の 3 種のプロファイルの中からより目的に合ったものを選択することができる。

　メインプロファイルは、図 5.8 の利得制御を除くすべての処理を、予測部も含めて行うものである。MDCT 係数の予測のための、メモリーなどのハードウェアとフィルター計算のソフトウェアの負担は大きいものの、音質の点では最も優れた結果が得られるプロファイルである。

　LC（Low Complexity）**プロファイル**の場合は、メインプロファイルから予測部を取り除いて、かつ TNS のパラメータにも制限が加えられている。この分だけハードウェア、ソフトウェアともに簡単になるので、回路規模低減プロファイルとの別名がある。LC プロファイルのビットレートはメインプロファイルよりは増加することになる。また、メインプロファイルと同じく利得制御は行われない。

　SSR（Scalable Sampling Rate：スケーラブル・サンプリング周波数）**プロファイル**では、4 つの帯域のサブバンド分析フィルタを備えており、各帯域ごとに利得制御を行う。予測部は使用せず、また、TNS のパラメータにも制限が加えられている。受信の際に、4 つのサブバンドフィルタ出力のうち、復号する帯域を選択することが可能なために、例えば、周波数の低い方から 2 つ目の帯域までを選んで、これらのみを復号化するといったことも可能である。選ばれなかった帯域については、この帯域における受信機での逆 MDCT 処理は省

略できるので、周波数帯域が異なる複数の音声入力がある場合などに便利である。また、受信機の復号器は小規模な構成にすることができる。

　日本のデジタル放送の中で、最初にスタートした CS デジタル放送では、1997 年になって制定された AAC 規格の採用が間に合わなかったため、MPEG-2 BC （Backward Compatible）規格が採用されていた。その後決定された BS デジタルおよび地上デジタル放送では、ほぼ MPEG-2 BC の２倍の圧縮率が得られる AAC 規格が新たに採用された。MPEG-2 AAC 規格では、オプショナルな部分が選択の余地として含まれているが、日本の今後のデジタル放送規格としては、サンプリング周波数が、32、44.1、48 キロヘルツの３種が、量子化ビット数としては 16 ビット以上が、オーディオ・チャンネル数では 5.1 チャンネルまでが標準として選ばれている。また、LC プロファイルが選択されている。このために、同じデジタル放送で先行して MPEG-2 BC 方式でサービスを開始した、スカイパーフェク TV などの CS デジタル放送の受信機との互換性は、ここでも失われている。

5.2　パケット伝送

5.2.1　パケット伝送とは

　アナログ信号は、細切れにしたり区切りを設けたりしたら、再びつなぎ合せたときに何らかの痕跡が残るのに対して、デジタル化された信号では、全く影響を受けずにきれいにつなぐことができる。この性質は、映像や音声、各種のデータなどを混在させ、交互に多重化して伝送するのに極めて都合がよい。適切な長さの区切りを設けたデジタルデータを、規格化された長さの小包状の入れものに入れて伝送することをパケット伝送といい、この入れもののことを**パケット**と呼んでいる。このパケット伝送は、インターネットによる伝送や携帯電話のｉモードなどデジタル通信では、幅広くなじみ深いものである。デジタルテレビでも、このパケット伝送が採用されている。

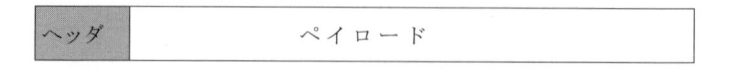

ヘッダ	ペイロード

図 5.10　パケットの概念図

データを収納した各種のパケットが多数個ある場合、どの種類のパケットが、どのような順番のパケットなのかがわからなくなってしまう。そこで、小包には荷札でこれらを明示するように、ひとつひとつのパケットには、**ヘッダ** (header) と名付けられたラベルを付けておくことが必要になる。小包の規格化されたケースに相当する、規格化されたひとくくりのデータは、**ペイロード** (payload) と呼ばれている。図 5.10 に示したように、ヘッダはペイロードの先端に付加されている。

パケット伝送は、図 5.11 のようなコンテナ列車にたとえることができる。送信元で、一定のサイズにまとめられた音声（A）、映像（V）やデータ（D）などの貨物（符号化されたデータ）は、コンテナ（パケット）に詰め込まれ、荷札（ヘッダ）を付けられて、さらに、コンテナ列車に連結され（**Mux** または **Multiplex：多重化**）、コンテナ列車（**TS：Transport Stream：トランスポート・ストリーム**）で輸送（放送）される。目的地のコンテナ基地（受信機）に到着したら、ヘッダに記された情報をもとに、コンテナを種類ごとに分けて（**Demux** または **Demultiplex**）、いくつかのコンテナに分けられた貨物を順番に従って受け取ればよいわけである。

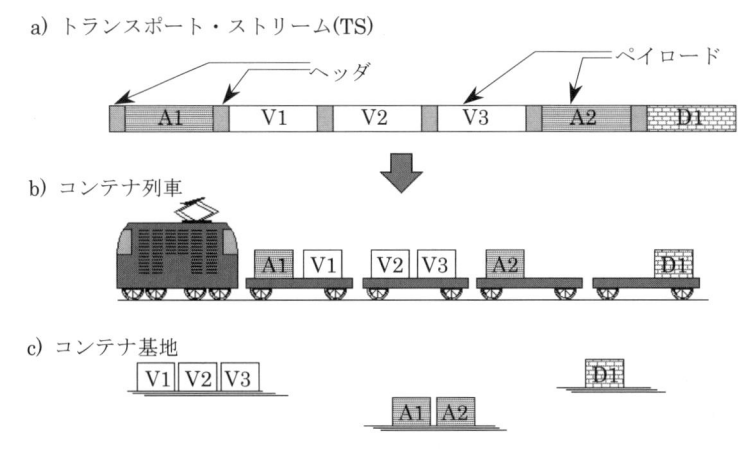

図 5.11 パケット伝送はコンテナ列車にたとえられる

5.2.2 MPEG-2 規格などで規定された TS パケット

デジタル放送で使用されるパケットの内容は、MPEG-2 規格を明文化した

ISO/IEC13818-1 や DVB グループで審議した規格をオーソライズした ETSI の 300 系規格などで,その詳細を知ることができる。パケットにもその作成過程により,いくつかの段階があるが,放送電波に載せられるパケットは**トランスポート・ストリーム**(TS)といわれるパケット列である。**ストリーム**とは,符号化されたビット列やパケット列の一連の流れのことをいう。そのひとつひとつの TS パケットは,ヘッダ部分の 1 バイトおよびヘッダの機能を拡張可能にしたアダプテーション・フィールド部分も含めて,合計が 188 バイトの固定長で構成されている。標準テレビの 1 コマ分の画像とステレオ音声を送信するのに必要なパケット数は,映像用に約 50 個,音声用に約 1 個の TS パケットが並ぶ計算になる。TS ヘッダおよびアダプテーション・フィールドに含まれる情報としては,パケット同期信号,伝送誤りインディケータ,スクランブル制御などが挙げられる他,映像や音声のパケットをタイミングを合わせて順序よく復号するために,ヘッダの中にはタイムスタンプ(time stamp)と呼ばれる,

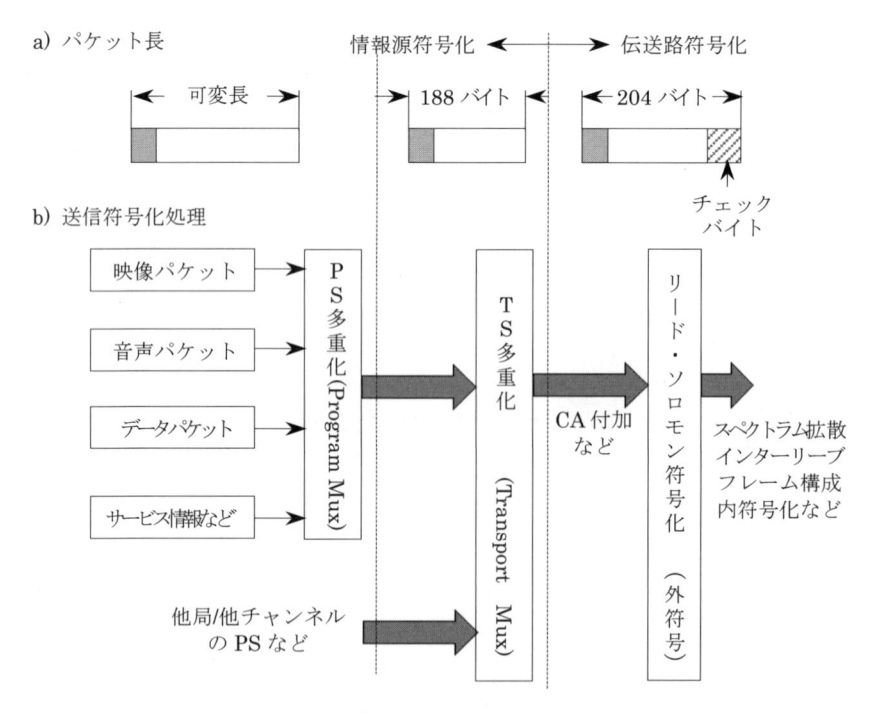

図 5.12 送信符号化処理とパケット長

受信機で正しいタイミングで復号するための時間基準情報やクロックの基準信号などが組み込まれている。その他、日本のデジタル放送特有のものとして TMCC 情報も、この TS ヘッダ部分に載せられている。

図 5.12 は、送信のための符号化処理の過程で変わるパケットの長さについて図示したものである。図の左側から入力された、あるチャンネルの映像や音声などのパケット（次項参照）は、多重化されて PS (Program Stream) となる。この PS は、今度は他チャンネルや他局の PS と多重されて、TS としてひとつのストリームに合体される。PS は MPEG でも ETSI 規格でも定義されているが、国内の放送ではもっぱら TS が使用される。PS は録画機器などで用いられている。TS は、伝送路符号化の過程で、リード・ソロモン符号化を行う際に、第 4 章で説明したように、16 バイトのチェックバイトが追加され、204 バイトの長さに変わる。

5.2.3 ES パケットと PES パケット

図 5.13 に示すように、MPEG-2 の規約にのっとって符号化された映像や音声は、それぞれの符号が時系列に連なったビットストリームになるが、これらのメディアごとのストリームを MPEG では、ES (Elementary Stream) と呼んでいる。ES パケットのヘッダにはコンディショナル・アクセス（CA：限定受信）に関する記述子などが含まれる。これらの ES は、次に、PES(Packetized Elementary Stream)と呼ばれるパケット化されたストリームに再構成される。PES パケットのヘッダには、コピー制御情報などが付加されている。

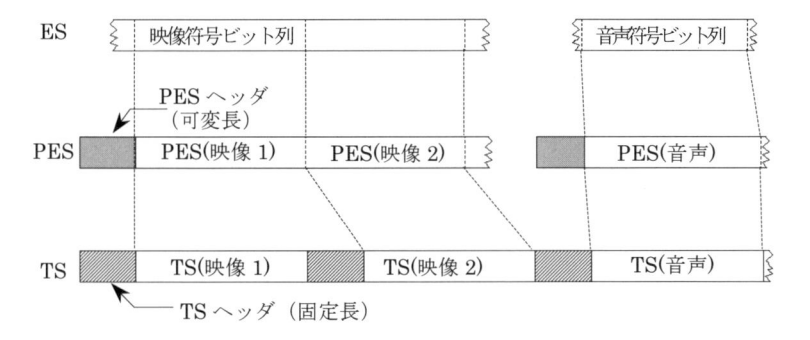

図 5.13　ES、PES、TS の構成例

ひとつの番組に属する映像や音声などの PES パケットは、この後に多重されて、ひとつの TS にまとまることになる。

TS パケット段階では、映像、音声やデータの他にも、受信機の制御や視聴者利便のために必要な SI（Service Information）、PSI（Program Specific Information）などの情報が入れられたパケットが付け加えられる。前者は DVB 系の、後者は MPEG 系の名称であるが、デジタル放送では、両者が相互補完する形で使用されている。SI/PSI には、細分化された多くのチャンネルや番組関連の制御情報などが含まれており、これらのテーブル化された情報は、TS パケット化されて送信され、受信機内部で解読される。これらを使用してデジタル放送では、アナログ放送時代には叶わなかった多彩な形態のサービスが可能になる。これらの運用に、放送局側は頭を悩まされる反面、受信側では例えば、カテゴリーごとの番組の選択が可能などのメリットがうまれている。これらの機能については、第 7 章で詳しく述べている。

第 **6** 章

放送での暗号利用とデータ放送

　デジタル放送で用いられる要素技術の解説の最後に、有料放送で使用される限定受信システム（CAS）と視聴者にはあまり歓迎されないであろうコピー防止手段について本章で解説する。これらには、暗号システムが用いられているが、暗号の性格上、残念ながら概要を述べるのに留めている。また、双方向のデジタル接続のためのIEEE1394バスやディスプレイ機器との接続のためのD端子についての説明も行っている。

　デジタル化特有の放送形態として、インターネット伝送と同様のマルチメディアのデータ形式によるデータ放送が可能になった。本章の後半には、データ放送とそのマルチメディア画面形成のための記述言語であるBMLについて紹介している。

写真はNABショウのブースでのひとコマ

例年4月に米国ラスベガスのコンベンション・センターで開かれるNABショウは、放送機器の一大展示会でもあり、放送関係者が集うチャンスでもある。日本からも多くの新製品が展示されるが、特に放送用VTRは日本メーカーの独断場であり、優劣をめぐって熾烈な論戦が繰り広げられている。

6.1 デジタル放送中の暗号利用システム

6.1.1 有料衛星放送のかなめとしての限定受信システム

　アナログ放送の時代から衛星放送では、WOWOW、スカイポート・グループやコアテック・グループの有料チャンネルでは、限定受信システムが使用されていた。限定受信とは、正規に契約している加入者に対しては番組を視聴可能にし、一方、非加入者には映像や音声にスクランブルを掛けて、見られないようにする仕組みのことである。この仕組みは限定受信（コンディショナル・アクセス：CAシステム）、略称はCAS（Conditional Access System）といわれており、このCAシステムの主要部分には暗号が用いられている。

　デジタル化された衛星放送でもアナログ時代より、一歩進んだ限定受信システムが使用されている。デジタル衛星放送のCAシステムには、一般的には3種類の暗号鍵が使用されている。そのひとつはマスター鍵（Km）という鍵をもつ暗号であり、衛星放送局から各加入者に向けて送信する、契約された番組の視聴許可などのいろいろな管理用メッセージ（EMM：Entitlement Management Message）を暗号化して送信するためのものである。もうひとつメッセージである制御用メッセージ（ECM：Entitlement Control Message）を暗号伝送するのには、ワーク鍵（Kw）という鍵が用いられている。

　有料衛星放送局では、これらEMMやECMに掛ける暗号が、万一破られた場合には甚大な被害が予想される。このように、CAシステムは、有料放送事業者の収益を守るための生命線であるがゆえに、暗号システムは標準化が困難である。したがって、各放送局が自己の責任において、おもいおもいの方式を採用せざるを得ない。世界的にみれば、衛星放送のCAシステムにはいろいろ異なった方式が、開発され使用されている。英国のBSkyB、香港のスターTVや米国のディレクTVなどの局はイスラエルの会社が開発したNDS方式のCASを採用している。ちなみに、暗号学の世界ではイスラエルは、その諜報機関モサドの暗号技術の流れを汲んでいるためか、隠然たる勢力を有している。フランスのカナルブルス局の場合はSECAといわれる方式が、オランダ系の衛星放送ではIRDETOと呼ばれる方式が使用されている。国内CSデジタル放送局のスカイパーフェクTVの場合は、ソニーのCAシステムが採用されている。

第6章 放送での暗号利用とデータ放送

BSデジタル放送では、WOWOWやBSスターチャンネルなどの放送局が有料放送を実施するためにはCASが必須であり、激しい競争のすえ、松下電器・東芝の両社が開発したB-CASという名のCAシステムが採用された。これらの暗号システムは64〜128ビットの暗号鍵をもつシステムと推定されるが、事の性格上、内容がすべて非公開のアルゴリズム非公開型の暗号であり、これ以上の解説を加えることはできない。

さらに、もうひとつ、画像や音声などのコンテンツ自体に掛けられているスクランブルのための暗号があり、これが解けないと、MPEGで符号化された画像や音声を、デコーダを用いて本来の画像や音声に復号することができない。日本のデジタル放送では一貫して、日立製作所が開発したMULTI-2と呼ばれる暗号が、このコンテンツ暗号の標準として用いられている。MULTI-2はISOのNCC (National Computer Center) にも登録されている、アルゴリズム公開型の共通鍵暗号である。MULTI-2を解く鍵はスクランブル鍵 (Ks) と呼ばれており、このスクランブル鍵Ksを受信機に伝達する手段としては、鍵変更などの非常時を除いて、別の暗号鍵Kwで暗号化されたECMに載せて送信する方法が用いられる。

BSデジタル放送のCAシステムの伝送経路は図6.1のようなものである。EMMやECMは番組と同様、衛星から送られてくる。一方、視聴履歴などの課金情報は、各家庭から電話回線により、ビーエス・コンディショナルアクセス・システムズ (略称B-CAS) にフィードバックされる。

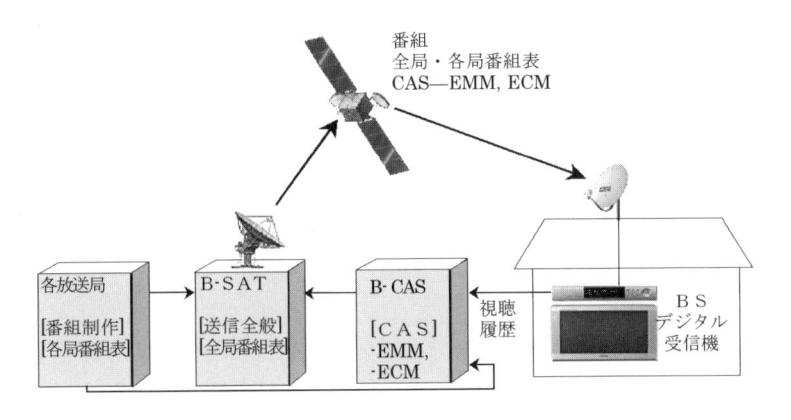

図 6.1　CAシステムの情報の流れ

6.1.2 IEEE1394 バスおよび D 端子

最近、デジタルカメラや ADSL などによる高速インターネットの動画伝送などが登場して、AV 機器とパソコンの接近が加速されている。このような背景のもとに、これらを共通に接続するバス（bus）が出現した。ファイヤーワイヤー（FireWire）や i.LINK の商標名が付けられている IEEE1394 バスである。このバスは、アップルやソニーなどが開発したもので、その規格は、米国の電気電子学会である IEEE（Institute of Electrical and Electronics Engineers）の規格としてオーソライズされている。

IEEE1394 は、映像のような大きなデータをリアルタイムで、バスにつながった 63 台までの種々の情報機器の間を、従来のようにパソコンがホスト、その他がクライアントと決めつけることなしに、ピア・トゥー・ピア（peer to peer）で接続するものである。

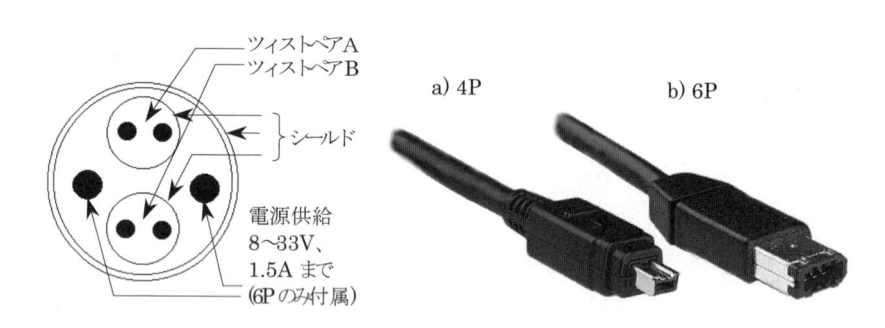

図 6.2　IEEE1394 ケーブルの断面

図 6.3　IEEE1394 コネクター

機器間は図 6.2 のように、2 組のツイストペアで結ばれ、接続元の機器ではペア A に出力されたデータが、接続先の機器ではペア B から入力されるようにクロスされる。コネクターには DV 端子として普及している 4 端子のものと、6 端子の 2 種類があり、6 端子のものでは電源供給が行われる。伝送速度は 100、200、400 メガビット/秒が規格化されており、追加規格では、さらに高速化が図られている。ただし、ケーブル長は 4.5 メートルまでである。

伝送方式は、4 バイトを 1 ワード（quadlets）にして、ワードを連ねたパケット伝送が用いられる。転送モードには、特定の送り先機器を定めずに送出する、いわば放送形式のイソクロナス転送（isochronous transfer：等時転送）と、

第6章　放送での暗号利用とデータ放送

送り先の機器を特定した非同期転送（asynchronous transfer）の２種のモードがある。イソクロナス転送は、ビデオなどの途切れてはいけないリアルタイムの情報伝送のために設けられたものであり、あらかじめ、伝送に用いるチャンネルとデータ伝送量を予約した上でデータを伝送する。非同期転送モードでは、任意のタイミングでデータを送受することが可能であり、受け手の ID をヘッダ部分に内蔵したパケットが用いられる。

図 6.4 は、バスサイクルを示した図である。サイクルの最初にはサイクル開始パケットが置かれており、その後にいくつかのチャンネルのイソクロナス・パケットが伝送される。非同期のパケットは、サイクル中に空き時間が生じたときに伝送される。非同期転送の場合には、相手の機器からのレスポンスとしての認識（acknowledge）が送り返されてくることが必要である。

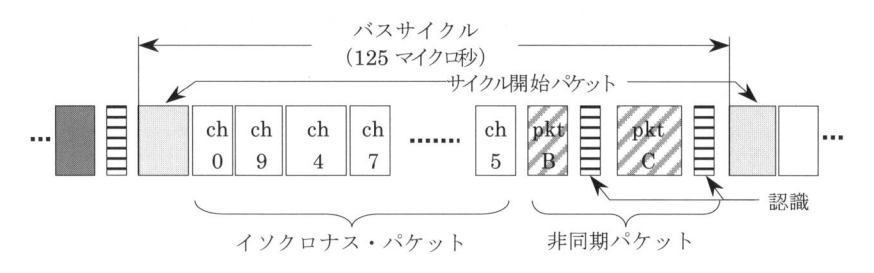

図 6.4　IEEE1394 のバスサイクル

物理的に IEEE1394 バスでつながったネットワークを、伝送路として確立する必要がある。これは、バスがリセットされた後、親子の位置付けのためのツリー形成から始められ、それぞれの機器のルートとしての位置付けと ID が決まる。次いで、ルート内の機器群の自己認識（self identification）が行われ、伝送条件に関する調停（arbitration）が始まる。調停は、イソクロナス転送では、必要な伝送速度、非同期転送では公平な速度配分が主題となる。

IEEE1394 は、パソコンをホストにした他のバスに比べて、AV 機器としては極めて好都合なものである。このため、デジタルテレビ・チューナーや受信機をはじめ、家庭用デジタル機器の標準的なバスとして使用されている。

アナログテレビ時代のフォノ端子やS端子に代わって、デジタル放送チューナーとディスプレイとの間を接続するのに、**D 端子**が設けられている。D 端子

には、D1 から D5 端子までの種類があり、このうち D1 端子は S 端子と機能的には変わりがなく、D2 端子は 480P のプログレッシブ走査の画面規格までに対応したものである。D3 端子では、デジタルハイビジョンまでの画面規格のすべてに対応しているので、現在のデジタルテレビ・チューナーやディスプレイに装備されている。なお、D4 端子、D5 端子は将来に備えて、それぞれ 720Pまでと 1080P までの画面方式を接続するための規格である。

6.1.3 コピープロテクションの仕組み

　映画は放送番組の編成上、重要なコンテンツであることはいうまでもない。中でも、人気が集まるのはハリウッドのメジャー系の映画であろう。一方、ハリウッドの映画会社は、その映画資産の有効な活用のためにウインドウ管理というシステムを運用している。これは例えば、ビデオレンタルや衛星放送のペイ・パー・ビューと呼ばれる、あるタイトルの映画を視聴者が番組単位で購入するシステムの場合、封切館公開の 6 ヶ月後でなければリリースされないという、メディアごとにスケジュール管理する制度のことである。

　最新映画の放映を、ペイ・パー・ビューなど比較的早いウインドウにおかれているサービス形態で実施する場合に、映画会社からコピープロテクションを掛けることを要求されるのが常である。著作権保護のために、デジタル放送では前述の CA システムの他に、もうひとつの暗号システムがコピープロテクションの仕組みの中に用いられている。かつてのアナログ放送の場合には、アナログ方式の VHS 方式 VTR に接続して、番組を録画されることを防ぐ目的で用いられていたのは、米国のマクロビジョン社が開発したシステムであった。アナログ録画の場合は、もともとコピープロテクションを掛けなくても、ダビングの回数が多くなるほど画質の劣化が激しくなり、子テープや孫テープの商品価値は決して大きいものではない。

　ところが、デジタル放送受信機から、D-VHS などのデジタル VTR にデジタル接続して録画する場合には、子テープや孫テープの代まで画質の劣化は皆無に等しく、特に劇場公開から離れていない時期に、デジタル放送でハリウッド映画を放映することは、映画会社にとって、放送自体には問題なくても、録画されて海賊版のソフトをつくられては困るという事態が生じる。

　デジタル放送受信機、D-VHS VTR や DVD など家庭用デジタル機器が次々

第6章 放送での暗号利用とデータ放送

に開発されるにおよんで、ハリウッドの映画会社や日本の家電メーカー、それに米国のコンピュータ・メーカーなどが CPTWG（Copy Protection Technical Working Group）というグループを結成し、AV機器間やパソコンなどデジタル機器間を接続する際の接続用端子に適用するコピー防止技術の検討を進めていた。このグループの最初のアウトプットが、メンバーのうち日立製作所、松下電器、ソニー、東芝およびインテルの5社が名前を連ねたグループ（5C）がまとめた DTCP（Digital Transmission Content Protection）規格である。

この DTCP 規格は、前項で説明した IEEE1394 規格をベースに、その上にコピープロテクション機能を付加する形でまとめられている。IEEE1394 のデジタル接続端子付のデジタル放送受信機には、DTCP を標準的に装備するようにという業界の取り決めがなされている。

DTCP システムは、次の3つの要素が用いられている。その第1はコピー制御情報の CCI（Copy Control Information）であり、この CCI にはさらに2種類があって、そのひとつは MPEG の TS パケットのヘッダ中に埋め込まれている CCI（embedded CCI）であり、その内容は2ビットのコピー世代管理情報の CGMS（Copy Generation Management System）である。CGMS では、「00」はコピーフリー、「10」は1回のみコピー可、「11」はコピー禁止とする2ビットのコードが定められている。これらはデジタルオーディオなどのコピー防止のために、電子情報技術産業協会（JEITA）などで制定されていたものである。他のひとつの CCI は、IEEE1394 のイソクロナス転送モードのパケットヘッ

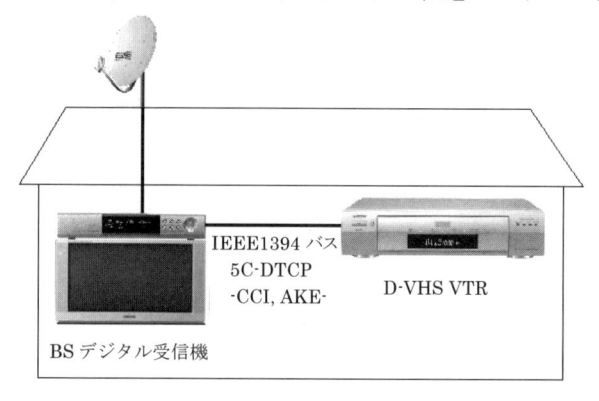

図 6.5 BS デジタル放送受信機と双方向デジタル伝送バス IEEE1394 に載せられた 5C-DTCP コピープロテクション

ダに入れられた CCI（exposed CCI）であり、この中には、コンテンツの暗号化状態を示す2ビットの **EMI**（Encryption Mode Indicator）が収納されている。EMI の示す内容は、「00」が暗号化なし、「01」は1回コピーが完了しているのでこれ以上のコピーは不可とするもの、「10」は1回コピー可、「11」はコピー禁止を意味している。後者の CCI は、前者の CCI が読み取れない機器の場合に有用である。コピー防止処理のプロセスは、これらの CCI が示すコピー管理のレベルに応じて枝分かれした処理が行われる。

　DTCP では、認証鍵（Km）、交換鍵（Kw）およびコンテンツ鍵（Kc）の3種の暗号鍵を用いた暗号化通信を行うことを、その骨子としている。第2の仕組みとして DTCP では、**AKE**（Authentication and Key Exchange）と略される相互認証・鍵交換が行われる。AKE は、接続されているデジタル機器が正規にライセンスを受けた機器であるか否かを相互に認証し合い、正しいと認められたら、暗号鍵を、送り手側の機器から受け手側の機器に安全に渡して、暗号化されたコンテンツを送信することができる。AKE には2つのレベルがあり、すべてのコンテンツに適応し、コピー禁止の場合には必須とされる**完全認証**（full AKE）がそのひとつである。完全認証が得られた機器間では、たとえコピー禁止のコンテンツであっても、伝送し合うことができる。1回コピー可や1回コピー済（CCI が「10」または「01」）のコンテンツを扱う録画機器などの場合には、**制限付き認証**（restricted AKE）が適用される。なお、コピーフリーのコンテンツの場合は、認証の手続きは一切不要であり、暗号化も行われない。

　完全認証には、ペアの鍵の片方を公開する**公開鍵暗号**の一種である**楕円曲線暗号**が用いられる。認証は、秘密鍵により暗号化された**電子署名**（digital signature）を、送り側、受け側の機器間で交換し、交換した署名を相手の公開鍵を用いて復号し確認することで行われる。電子署名には、米国標準局（ANSI）標準の **ECDSA**（Elliptic Curves Digital Signature Algorithm）が使用される。相互認証のために必要な機器間の通信などは、**デッフィー・ヘルマンの交換鍵**（Diffie-Hellman key exchange）をもつ楕円曲線暗号化が用いられる。

　制限付き認証の場合、機器間の相互認証はハッシュ関数を用いて行われる。暗号化には共通鍵暗号が使用され、IEEE1394 バスの非同期モードを用いて伝送される。相互認証が問題なく終われば、暗号化されたコンテンツの送り出し

が始まる。

　第3の仕組みは、映像や音声などのコンテンツ自身のスクランブルである。これには、日立製作所のM6という多段段にわたって転置や換字を繰り返す共通鍵暗号のC-CBC（Converted Cipher Block Chaining）モードがベースラインとして用いられている。このスクランブルは、送り側と受け側とで同じコンテンツ鍵を用いて行う暗号化であり、送り側の機器では、コンテンツ鍵により暗号化したコンテンツをIEEE1394バスのイソクロナス転送モードで送信し、受け側では、あらかじめAKEの際に入手した、コンテンツ鍵を用いて復号することができる。

　DTCP規格は、一見して完璧なコピープロテクションに思える。コピー制御情報が挿入されているデジタル信号上の位置などを解読し、この部分を書き替える悪意ある視聴者がいたりする不安が残る。このために、映画会社、IBMやNECなどのメンバーは、さらに電子透かしまたはウォーターマークといわれる、新しい技術の開発・評価を行っている。電子透かし技術はことさらに暗号を用いなくとも、コピー世代管理情報（CGMS）などの情報を、画像や音声の中に、本来の画質や音質を損なわないようにしのび込ませる技術である。その位置は画像や音の中の適切な場所を選んで挿入する。例えば、人の顔の輪郭の部分などは、これらの情報を埋め込むのに適しているといわれる。挿入場所の情報は秘匿されているので、コピー禁止などの制御情報を書き替えようにも、その場所が特定できず、この場合のコピーは不可能となる。電子透かしは、画質・音質を損なわないことが十分に立証され、そのコストも妥当であれば、いずれ本格的に適用されることになろう。

6.2 データ放送とBML言語

6.2.1 データ放送とは

　データ放送の源流としては、英国で始まった文字放送のテレテキストやオラクルが挙げられるであろう。その後、国内では文字多重放送、米国では、クローズド・キャプションなどの同種の放送が始まった。これらはアナログテレビの電波の隙間である、テレビ画面外に置かれている垂直同期信号の後の走査線数本に、文字のテキストコードや図形コードを送信し、データ画面を形成する

原始的なものであった。しかし、放送では定時にしか放送することができない最新のニュースなどの情報が、テキスト受信モードに切り替えさえすれば常時得られる利便性や、ボタン操作によりさらに細部の情報に接することができる擬似的な双方向性は他では得られないものであった。また、放送の部類には入らないが、電話回線を用いて同種のサービスを提供する、フランスのミニテルなどのサービスも出現していた。

　米・ソ冷戦時代に米国国防総省の高等研究プロジェクト局で開発されたインターネット伝送も、当初はテキストの伝送だけであったが、図面や音の伝送が可能な**ハイパーテキスト伝送プロトコル**（http : hyper text transfer protocol）が、スイスの素粒子物理学研究所（CERN）で開発されてから以降は、現在のホームページの隆盛にみられるような発展を遂げている。インターネットによる伝送はその後も開発が進められ、受信側でアクセスしなくても情報が手許に届けられる放送にも近いプッシュ型サービスや、アクセスと同時に動画の表示が可能なストリーミングタイプのサービスも出現し、ネットワークの高速化とあいまって、やがては放送の牙城を脅かすほどに成長している。

　テレビスタジオ内や中継で番組を制作する通常の動画放送に比べて、データ画面を主として構築されたデータ放送番組の製作は、はるかに簡単であり、また、インターネット系の技術を導入すれば、はるかに高度の、動画なども交えたデータ放送が可能なはずである。デジタル放送でデータ放送を行うことの得失としては、割り当てられた電波の帯域さえ広ければ、メガビット/秒級の高速の下り回線が構築できることである。しかし、上り回線となると視聴者側では、上りの無線電波は使えないので、公衆回線などの他のメディアに頼らざるを得ないことが欠点として挙げられる。ところが、双方向性を強く打ち出しインターネットとの結合を進めると、データ専門局の場合はともかく、テレビ放送を兼業している局では、テレビ画面を放送で占有する比率が低下してしまい、視聴率を至上とする広告放送では困った事態が発生する。

　これらの限界を踏まえて放送業界では、双方向テレビや最近ではISDBなどのタイトルのもとに、データ放送の高度化を検討してきた。その結果、データ画面を記述する言語として、**BML**（Broadcast Mark-up Language）を用いるデータ放送システムが、BSデジタル放送開始を機に完成された。BSデジタル放送や110度CS放送では、テレビ局が併せて行うデータ放送以外にも、多くの

第6章　放送での暗号利用とデータ放送

データ専門放送局がサービスを開始し、あるいは開局準備中である。

一足先に地上デジタル放送を開始した米国では、放送業界、CATV業界、テレビ業界それにパソコン業界も参加して、ATVEF（Advanced TV Enhancement Forum）を結成し、**ハイパーテキスト・マークアップ言語**（HTML：Hyper Text Mark-up Language）をベースにした汎メディア的な双方向プラットフォームを作り上げた。欧州ではDVBグループがデータ放送用のプラットフォームの議論を重ね、同じくHTMLをベースにしたMHP（Multimedia Home Platform）をまとめ、ETSI規格として登録されるに至っている。

6.2.2　BSデジタル放送でのデータ放送の仕組み

図6.6は、BSデジタル放送の場合の、データ放送の仕組みを説明した図である。すでにサービスが開始されているBSデジタル放送を例に挙げたが、この放送仕様は、BS放送のみに使われるのではなく、110度CS放送や地上デジタル放送でも、伝送路のみを変えて共通に利用されるものである。

データ放送局で制作されたデータのパケットは、テレビ兼業局の場合は、映像などのPESとともに多重化され、局全体のTSとしてB-SATに送信される。データ専門局の場合は、データ単独のTSに仕立てて送信される。B-SATでは、これらのTSを集め、トランスポンダごとのTSに編成して衛星に送信する。

データ番組あるいはデータ放送を関連させたテレビ番組では、視聴者が回答

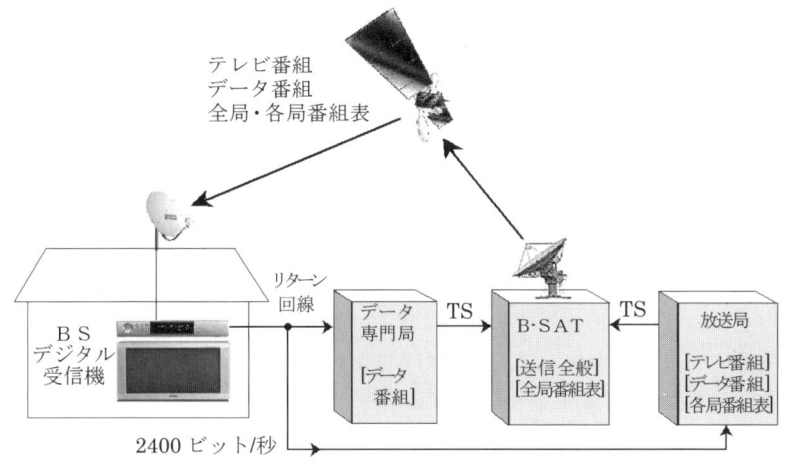

図6.6　BSデジタル放送のデータ伝送路

するアンケートやクイズなどの双方向性番組が可能になる。これらの番組にアクティブに参加するためには、視聴者の意志を局側に伝えるためのリターンパスが必要となる。視聴者のレスポンスは、受信機に内蔵された電話モデムを使い、電話回線を経由して局側にフィードバックされる。つまり、家庭の受信機の中にはリターンパス用の、ダイヤルボタンも着呼ベルもない電話機が仕込まれていることになる。6.1.1 項の CAS も、このモデムにより視聴データなどを、局からの自動呼出しに応じて、放送局側に返していたのである。

　受信機中の電話モデムは、ITU-T で定められた V.22bis 規格によるものが最低限として備えられており、この場合、2400 ビット/秒のシリアル伝送が行える。この速度は、インターネット伝送では、ごく初期に使われていた極めて低速のものであり、視聴者からのレスポンスは、イエスかノーか、3 択ないし 4 択程度の範囲の応答に限られる。視聴者からホームページなみの規模の投稿やフィードバックを行うのは、このモデムを使う限り不可能に近い。ARIB ではその後、高速の ISDN モデム、LAN 系モデムや携帯電話系モデムの内蔵についての規定を追加し、また、伝送路上のセキュリティをたもつための SSL (Secure Sockets Layer) プロトコルも追加して、この問題の解消を図った。しかし、視聴者が HTML で書いたようなコンテンツを仮に伝送できたとしても、後述する理由で、そのままデータ放送画面として活用することはできない。

　データ放送を、放送メディアと通信メディアの融合の舞台として、期待する意見や提案はあったものの、実際に行われているデータ放送は、以上に述べたように、現段階では、視聴者の選択の余地だけがある一方向型データ放送に、少しだけの双方向性を加味した形に割り切って行われている。しかし将来的には、拡充が行われて、より魅力あるサービス形態に進化するものと期待される。

6.2.3　画面作成に用いられる BML 言語

　この文章はワードを使って書いているが、単純に文字を並べるだけでなく、見出しには、フォントを大きくしてゴシック体で、本文は少し小さなフォントで明朝体でというふうに、文字の属性も使い分けながら作成している。また、図表や写真などもレイアウトボックスを設けて、その中にビットマップや JPEG のファイルをはめ込むといった、デスクトップ・パブリッシング形式でページレイアウトを行っている。

第6章　放送での暗号利用とデータ放送　　　　　　　　*141*

　インターネットのページ画面やデータ放送の画面を、デスクトップ・パブリッシングの域を超えた、動画や音声も付属させたものにするためには、それなりのコンピュータ・プログラムにする必要がある。この種のプログラムを記述するための言語は、マークアップ言語（mark-up language）と呼ばれている。マークアップの意味は、テキストの前後を、あたかも属性データなどを記した小紙片のマークを貼り付けるように、**タグ**と呼ばれる"<"や">"の記号を用いて、はさみ込むことに由来している。

　日本のデータ放送に用いる記述言語を標準化するにあたって、当初、インターネットで広く使われている HTML や、MPEG の母体になった ISO/IEC で規格化された MHEG-5（Multimedia and Hypermedia Expert Group）、それに HTML よりさらに広範囲な機能を備えた上位言語である XML（eXtensive Mark-up Language）の3つが候補として検討された。検討過程では、英国のデジタル放送でも実績がある MHEG も有力であったが、当時の郵政省の強力なリーダーシップもあって、XML を基本にすることが決定された。

　インターネットで盛んに用いられている HTML は、インターネット・エクスプローラなどのブラウザーを利用して、ページ画面を表示する目的には適しているが、タグの種類が固定されており、このために、多様なデータ構造を表現して、一般的なデータ交換を行う目的には不満足なものである。この問題を改良したものに、SGML（Standard Generalized Mark-up Language）があるが、これは大規模かつ複雑であり敬遠されている実状がある。これらの点を解消して、ネットワーク上で文書やデータを交換したりするのに都合がよい、汎用の文書記述言語として考えられたのが XML である。XML は、企業間電子商取引などの B to B（Business to Business）分野でも十分使用に耐えるものであるが、B to C（Business to Consumer）のサービス分野で用いても、それほどの負担や違和感がないものである。

　XML は、現段階では完全な標準化を目指さずに、限られたグループ内で使用するバリエーションを認めている。日本のデータ放送用に特化したバージョンが BML であり、ARIB（Association of Radio Industries and Businesses：電波産業会）が中心となってまとめたものである。BML では、HTML4.01 を XML の規則に則って書き替えた XHTML（eXtensive HTML）を、そのベースフォーマットとして取り入れている。また、文字類の表示に必要なレイアウト

情報には、フォントサイズや色などをテキストとは別に指定することができる、HTML 流儀の CSS（Cascaded Style Sheet）を用いることにより、テキストデータに汎用性をもたせ、プログラミングの簡素化を図っている。

インターネットのブラウザーに用いられる JAVA スクリプト言語には、ネットスケープの **JAVAScript** とマイクロソフト流儀の **JScript** の2種があり、インターネット上では、ときたま互換性のなさに悩まされることがある。放送に利用する一切のソフトウェアでは、視聴者に互換性に関する悩みをもち込むことは絶対に避けなければならない。BML では、これら2種の JAVA を欧州の規格化団体である ECMA（European Computer Manufacturers Association）が統一した **ECMA スクリプト**を採用している。受信機に、この ECMA スクリプトを導入することにより、データ番組の予約、メモリーの書き込みと読み出しの制御や、通信制御などを動的に行うことができる。

BML では XHTML から、放送サービスに用いるために必要な、以下に述べるような機能の拡張が行われている。まず、データ放送をテレビ番組と同時進行で放送する場合、データをタイミングよく表示し更新することが要求されるので、このためのいくつかの指定が追加されている。また、映像、アニメや音声の表示再生位置やランダムアクセスのための指定も付加され、さらに、CSS に、グラフィック画面を重ね合わせる際の半透明色の指定や、リモコン操作で上下、左右移動などを行うための指定が新たに追加されている。

デジタル放送受信機でデータ放送を受信し、楽しむためには、BML ブラウザーが内蔵されていることが必要である。これはインターネット用の Internet

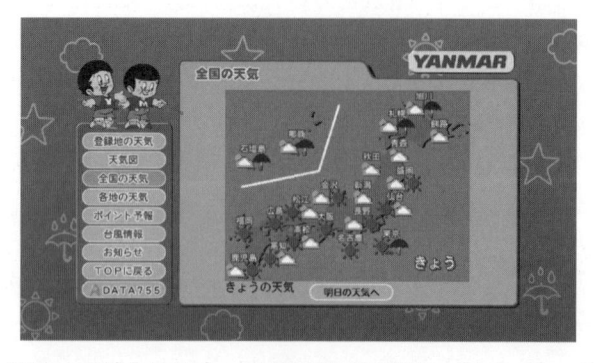

図 6.7　BML で記述されたデータ画面の例（BS 朝日、ヤンマーディーゼル提供）

Explorer ver5.0 以前の HTML ブラウザーとは、基本的に互換性がないものである。このため、データ放送画面中に仮にインターネットとのリンクが張られていたとしても、現段階ではモデムが低速であることと併せて、HTML で書かれたインターネットのページの受信は不可能である。また、パソコンに、データ放送のストリームを引き込んで復号したとしても、XML に対応していないブラウザーでは、エラーが出てしまうことになる。

6.2.4 BML による簡単なサンプルプログラム

BML によるプログラミングの実際を簡単な例を用いて説明する。(6.1)はプログラムの最初に置かれた宣言部分である。

```
<?xml version="1.0" encoding="EUC-JP" ?>
<!DOCTYPE bml PUBLIC "+//ARIB STD-B24:1999//
        DTD BML Document//JA" " bml_1_0.dtd">
<?bml bml-version="1.0" ?>
```
(6.1)

1 行目の <? と ?> で囲まれた部分は、左から XML 宣言 (XML declaration) と、XML のバージョン、文字の符号化方式を順番に示している。この例では、引用符 (") で囲んだ中に、文字コードとして日本語 EUC (Extended Unix Code) を用いることが宣言されている。2 行目は紙面の字数で 2 行にまたがったが、

  `<!DOCTYPE bml PUBLIC`

は、公開された仕様書に基づく文書型であることを宣言しており、次の

  `"+//ARIB STD-B24:1999//DTD BML Document//JA" "bml_1_0.dtd">`

で、ARIB の STD-B24 で規定された DTD (Document Type Definition : 文書型定義) に準拠することを示すシステム識別子が記述されている。最後の行の

  `<?bml bml-version="1.0" ?>`

では、XML の BML バージョン 1.0 を使用することが宣言されている。(6.1) に続くプログラムを、例示したものが (6.2) である。

```
<bml>
<head>
<title>天気予報開始の予告画面</title>
<style><![CDATA[
        p{
```

```
                    font-family:丸ゴシック;
                    width:806px;                                  ⎫
                    height:166px;                                 ⎬ (6.2)
                    font-size:30px;                               ⎪
                        ……………                                    ⎪
            }                                                     ⎪
        ]]></style>                                               ⎪
        </head>                                                   ⎭
```

　(6.2) で<head>、</head>などのタグは前者が開始タグ、後者が終了タグと呼ばれている。両者は必ず一対で用いられる。<style>、</style>ではさまれ、さらに<![CDATA[、]]>で囲まれた部分はHTMLでもお馴染みのスクリプトが挿入された部分であり、この例の場合、{　}の中にフォントの種類、フォントサイズや表示領域などを、受信機のブラウザーに対して指定している。画面に表示すべき文字の指定は、

```
        <body id="Body1" style="clut:url(Startup.clt);           ⎫
                        background-color-index:22">              ⎪
            <p id="Txt1">                                        ⎬ (6.3)
            次の天気予報は午後3時にお知らせします。<br/><br/>      ⎪
            </p>                                                 ⎭
```

のように行う。

は改行のためのタグである。画像や音声などのモノメディアを挿入する場合には、

```
        <object id="objAudio" type="audio/X-arib-mpeg2-aac"
                data="/51"    streamstatus="play" remain="remain"/>
```

などのように記述する。プログラムの最後は (6.4) に示すような、終了タグで締めくくられる。

```
        </body>                                                  ⎫
        </bml>                                                   ⎬ (6.4)
                                                                 ⎭
```

第 7 章
デジタル放送の送信

　本章では、デジタル放送においてどのような信号が送信されているのか、どのような送信設備となるのかについて説明する。なお、特に送出設備については、すでにサービスを開始したBSデジタル放送をベースに説明をする。

写真7.1　BSデジタル放送のマスター設備（BS朝日提供）

7.1 送信と受信の流れ

　送信側、受信側の機能について理解するために、デジタル放送信号の送信から受信までの流れを簡単に説明しておこう。図 7.1 は、送信から受信までの各処理について簡単に記したものである。送信処理では、まず送信する映像、音声、データがそれぞれの符号化方式により符号化される。符号化とは、信号をデジタル化して圧縮することとここでは簡単に理解していただければよい。映像や音声の符号化方式である MPEG は、聞いたことのある方も多いであろう。現在、デジタル放送では MPEG-2 方式が利用されており、この圧縮方式の詳細については第 2 章を参照されたい。

　符号化された映像、音声、データは多重化され、必要に応じて限定受信処理が行われる。多重化部分は、映像、音声、データの符号化信号をパケット化し、

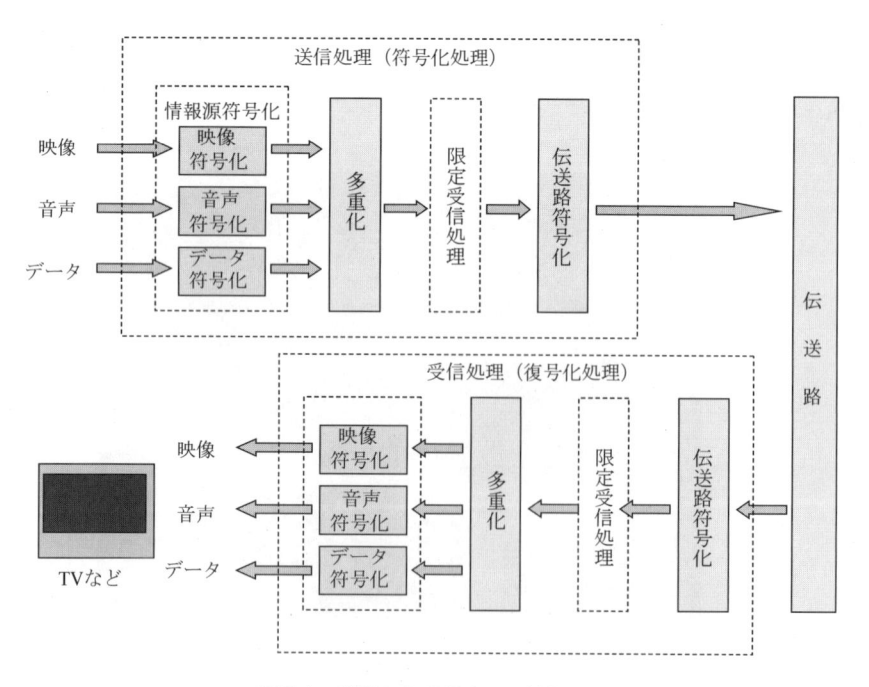

図 7.1　送信から受信までの流れ

それぞれを時分割に合わせ込むところである。限定受信とは、特定のユーザに対してのみ視聴を可能とするためにスクランブルを掛ける機能である。有料放送において、契約者だけが視聴できるようにするためなどに用いられる。伝送路符号化は、多重された信号を伝送路に合わせて符号化する部分である。

一方受信処理は、伝送路符号化、多重化の後、映像、音声、データごとに復号化され、テレビなどのディスプレイに表示される。このように受信処理の手順は、基本的に送信処理と全く逆の手順で行われる。つまり視聴中のチャンネルについて見ると、放送局の送信設備で行われた処理と反対の処理が、ちょうど逆の順に、家庭の受信機中で行われているのである。

7.2 送出設備の構成

前述の送信処理を送出設備の面から見たのが図 7.2 である。この図は BS デジタル放送をベースとしており、各事業者のトランスポート・ストリーム（TS：Transport Stream）を合成して、アップリンクしている。TS を構築するまでの基本的な設備構成は、CS デジタル放送、地上デジタル放送でも同じである。

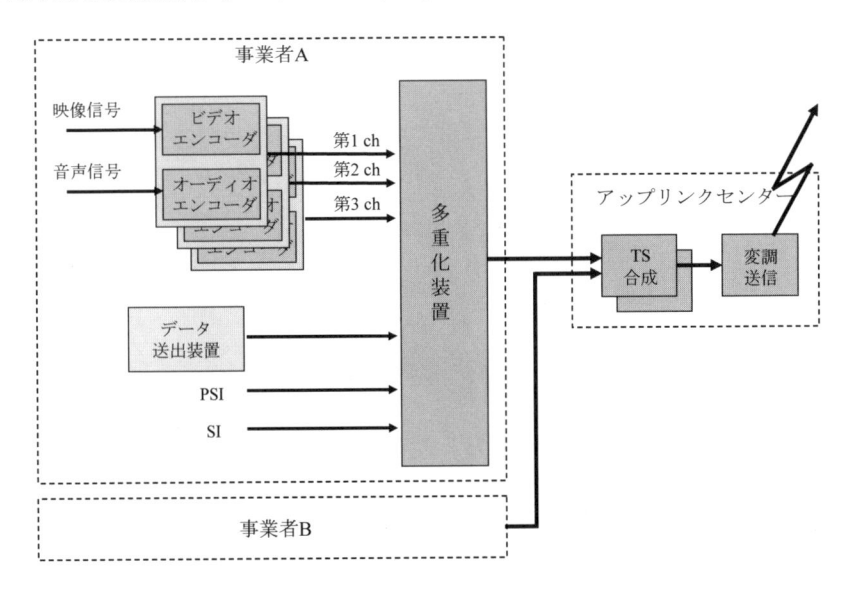

図 7.2　送出設備の基本構成

ひとつの番組の映像と音声は、映像信号はビデオエンコーダで、音声信号はオーディオエンコーダにおいて符号化される。符号化された信号は多重化装置において、他の番組（チャンネル）の信号やデータ放送、後述する PSI、SI 信号などと多重化される。BS デジタル放送の場合は、ここまでが放送事業者の送出設備である。多重化された信号（TS）は、アップリンクセンターへ送られ、他の事業者の TS と合成される。この TS 合成も多重化処理のひとつであり、事業者の多重化を一次多重とするならばアップリンクセンターの TS 合成は二次多重と呼ばれる。合成された TS は、アップリンクセンターにおいて変調されて送出される。この部分が伝送路符号化処理に該当する。エンコーダより手前の設備については、基本的にはアナログの放送設備と同様であり（番組連動型のデータ放送に対応する設備については、デジタル放送特有のため異なる）、映像／音声信号はスタジオや番組バンク、CM バンクなどの信号がマスタースイッチャー経由で入ってくる。

写真 7.2　BS デジタル放送の送出設備（BS 朝日提供）

CSデジタル放送の場合、現在サービスを行っているスカイパーフェクTVのように複数の番組供給者から番組を回線経由で受け取り、エンコード・多重して送出している。これはスカイパーフェクTVが地上やBSの放送局と異なり自社で番組制作を行う放送局ではなく、多くの番組供給者の提供する番組を束ね、送り届けるネットワーク・オペレータに位置するからである。この場合には、図のように事業者が分かれず、アップリンク機能まで含めてサービス事業者が行う形になる。また、他に限定受信のための顧客管理システムなどが追加される（BSの場合はB-CASが行い、有料放送事業者はこれを利用する）。しかしこのような場合でも、符号化、多重化などに関する送出設備の基本的な構成については同じである。

また、地上デジタル放送の場合には、図のように衛星に信号をアップリンクすることはなく、各局が送信設備をもち、そこから変調した信号を送り出すことになる。

7.3 トランスポート・ストリーム

ここでは、先に触れた**トランスポート・ストリーム**について説明する。

MPEGにより符号化されたいくつかの映像や音声のストリームを伝送し、最終的に受信機を介してテレビ上に番組を提示するためには、映像・音声の同期を含めてストリームを1本に統合する必要がある。映像、音声、データを同期化して多重するための方式として、デジタル放送では**MPEG-2 システムズ**（MPEG-2 Systems：ISO/IEC 13818-1）が採用されている。

MPEG-2システムズは、CD-ROMなど1.5Mbps程度の伝送速度をもつ蓄積メディアを想定しているMPEG-1よりも、さらに幅広いアプリケーションに対応している。MPEG-2システムズには、プログラム・ストリーム（PS：Program Stream）とトランスポート・ストリーム（TS：Transport Stream）の2つがある。PSは、比較的エラーのない環境で使用されるように設計されたものである。一方、TSは、雑音などによるロスの多いメディアでの蓄積、伝送を想定しており、エラーの生じやすい環境で使用されるように設計されている上、複数のプログラムを1本のストリームにすることができる。デジタル放送においては、後者のTSが使用される。

TS は、いくつかの個々に符号化されたストリームである**エレメンタリー・ストリーム**（ES：Elementary Stream）などを、トランスポート・ストリーム・パケット（TS パケット）と呼ばれる伝送単位で時分割多重したものである。**時分割多重**とは、複数の信号（この場合は映像、音声など）をひとつの伝送路で伝送するために、伝送路を時間で分割し、そのそれぞれに対して信号を割り当てて伝送する方式である。図 7.3 は、時分割多重されたストリームのイメージを表したものである。このように、TS パケット単位で映像や音声、その他の情報が、時間軸上に並べられて伝送される。

| 映像A | 番組情報 | 音声A | 映像A | 音声B | 映像B | 映像A | 番組情報 | 音声A | 映像A |

TSパケット

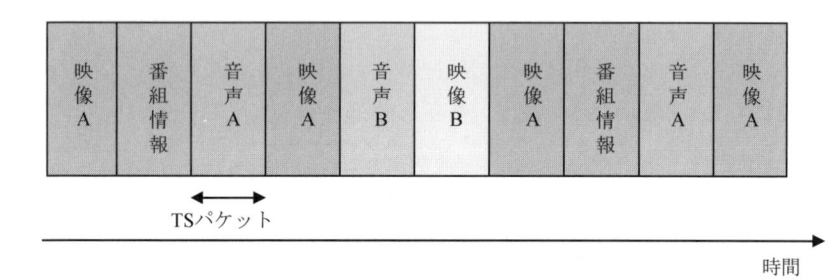

時間

図 7.3　多重ストリームのイメージ

7.3.1　TS パケットとエレメンタリー・ストリーム

TS パケットと映像や音声のストリーム（エレメンタリー・ストリーム：ES）との関係を表したのが図 7.4 である。PES（Packetized Elementary Stream）パケットは、ひとつの ES（例えばあるチャンネルのひとつの映像 ES）をパケット化したものであり、ヘッダをもつ可変長のパケットである。TS を構成する TS パケットは、4 バイトのヘッダをもつ 188 バイト固定長のパケットで、この中のペイロードと呼ばれる部分に PES パケットが埋め込まれる。通常、TS パケットの長さは PES パケットよりも短いため、PES パケットは分割して TS パケットに埋め込まれる。TS パケットのアダプテーション・フィールドは、各ストリームに関する付加情報や無効データ（Staffing Byte）が格納される部分で、TS パケットにより領域が存在する場合としない場合がある。アダプテーション・フィールドの有無は、TS パケットのヘッダに記述されている。

ひとつの ES（例えば映像のストリーム）は、このように TS パケット化され、

音声などの他の ES と時分割多重されて、TS となる。

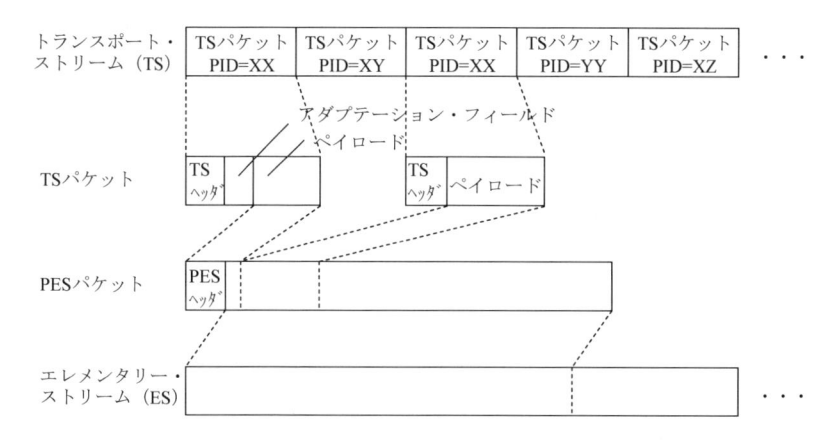

図 7.4 TS パケットと ES の関係

7.3.2 TS パケットの構造

TS パケットは、188 バイトの固定長パケットで、TS パケットが連続したストリームが TS である。TS パケットは、ヘッダ部とペイロードからなり、ペイロード部にデータが格納され伝送される。図 7.5 は、TS パケットの構造を記したものである。

以下に主なフィールドについて説明する。なお通常、規格書などでは"sync_byte"などのアンダースコアを記載しているため、本章でもその形式によって記しておく。

① 同期バイト（sync_byte）

8 ビットの同期信号で、値は '0100 0111'（0x47）である。受信機が TS パケットの先頭位置を検出するために用いられる。

② PID（Packet ID）

TS パケットを識別するために用いられる 13 ビットのフィールドで、ペイロードに格納されるデータの種類により値が異なる。受信機が必要とする TS パケットをフィルタリングするために用いられる。

③ スクランブル制御（transport_scrambling_control）

ペイロード部分のスクランブルの有無と種類を示す。BS デジタル放送では、

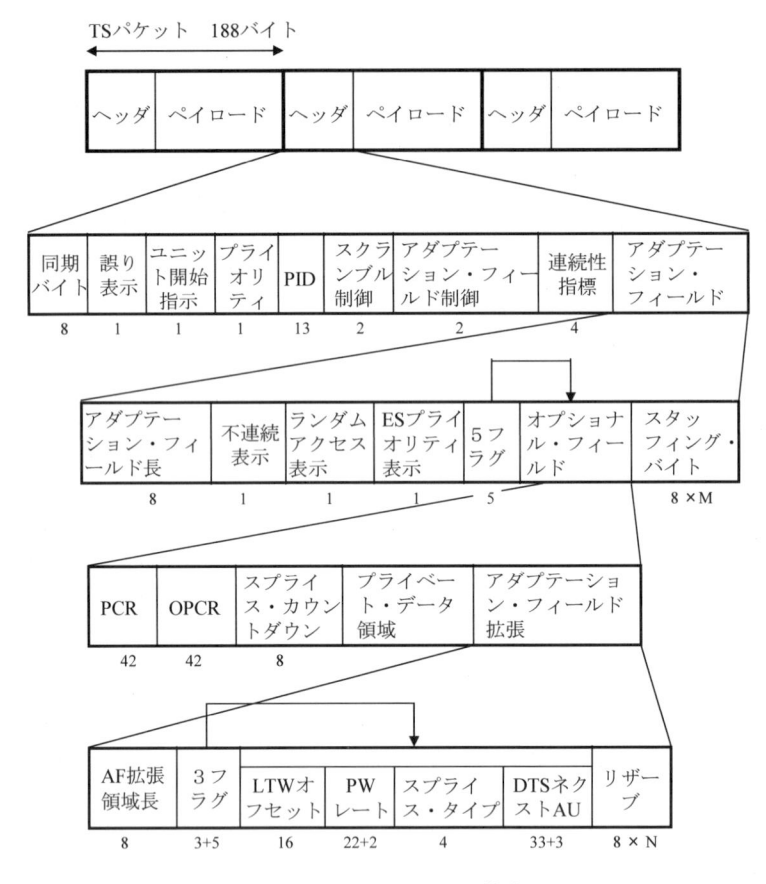

図7.5 TSパケットの構造

偶数鍵、奇数鍵のスクランブルモードの識別に用いられている。

④　アダプテーション・フィールド制御（adaptation_field_control）

このTSパケットにアダプテーション・フィールドがあるかどうか、ペイロード部があるかどうかを示す2ビットの領域である。

値	意　味
'01'	アダプテーション・フィールドなし、ペイロードのみ
'10'	アダプテーション・フィールドのみ、ペイロードなし
'11'	アダプテーション・フィールドの次にペイロードがくる

⑤ 連続性指標（continuity_counter）

同じ PID の TS パケットごとに、1 ずつインクリメントされる 4 ビットの領域である。同じ PID の TS パケットが伝送の途中で欠落することなく伝送されたかどうかを、受信機が検出するために用いられる。

⑥ アダプテーション・フィールド（adaptation_field）

ストリームに関する付加情報やスタッフィング・バイトを必要に応じて入れるためのオプション領域である。TS パケット内にアダプテーション・フィールドがあるかどうかは、アダプテーション・フィールド制御の値により識別される。

⑦ 不連続表示（discontinuity_indicator）

次にくる同じ PID の TS パケットとの間でシステム時刻が不連続であることを示す。

⑧ PCR（Program Clock Reference）

受信機側の時刻基準となる STC（System Time Clock）の値をセット・校正するための時刻の参照値である。33 ビットの PCR_base と 9 ビットの PCR_extension 領域からなる。PCR_base はシステムクロック周波数の 1/300（90 キロヘルツ）、PCR_extension はシステムクロック周波数（27 メガヘルツ）を単位としている。

⑨ スタッフィング・バイト

無効なデータであり、デコーダでは使用されない。TS パケットのペイロード部分に伝送する PES パケットやセクション形式のデータを埋め込んだ場合に生じる、余分な空白部分をこのスタッフィング・バイトで埋める。

⑩ ペイロード

PES パケットのデータやセクション形式のデータ（PSI セクションなど）を格納する領域である。

7.3.3 PES

PES（Packetized Elementary Stream）は、ある映像や音声などを符号化したストリーム（エレメンタリー・ストリーム：ES）をパケット化した PES パケットが、連続したものである。PES の構造は、TS と PS（Program Stream）で共通になっており、TS と PS 間でのストリーム・タイプ交換が容易となって

いる。PESパケットの構造の概略を記したのが、図7.6である。PESパケットの構造は大きく3つに分類されるが、ここでは便宜上、それぞれタイプ1、タイプ2、タイプ3とする。どのタイプも、パケット開始コード（packet_start_code_prefix：24ビット）、ストリームID（stream_id：8ビット）、パケット長（PES_packet_length：16ビット）を共通にもつ可変長のパケットである。ストリームIDの値により、そのPESが伝送するESの種類を特定する。

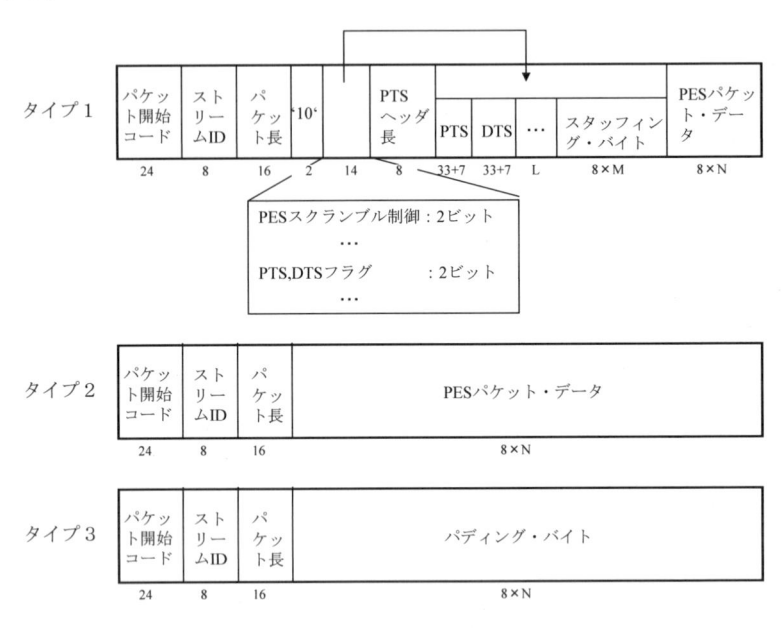

図7.6 PESパケットの構造概略

① タイプ1

　映像や音声などのESを伝送する場合に用いられる形式で、映像に同期させた字幕情報をデータで伝送する場合などもこのタイプが用いられる。図のように最初の部分にフラグ類がまとめて置かれ、そのフラグに対応して各項目のフィールドが設けられる形になっている。図では簡単にするためにすべてのフィールドは記載していないが、例えば、PTS・DTSフラグ（2ビット）の値が'10'のときにはPTSフィールドが存在することを示す。

　ここでPTSは、Presentation Time Stampと呼ばれる再生時の時刻管理情

報、DTS は Decoding Time Stamp と呼ばれる復号時の時刻管理情報である。どちらも 90 キロヘルツの精度をもつタイムスタンプ（33 ビット）で、映像と音声を同期して表示させるために用いられる。

映像や音声の ES は、PES パケット・データ（PES_packet_data_byte）の領域に格納され、伝送される。

② タイプ2

PTS、DTS などの時刻情報をもたないため、映像や音声との同期を必要としない場合に用いられる。BS デジタル放送では、番組の映像・音声と同期しない文字スーパーの伝送に用いられている。

③ タイプ3

データの領域に、パディング・バイト（padding_byte）と呼ばれるダミーのデータ（意味のないデータ）を入れたものである。データ長を一定にするために使用することができる。

7.3.4 セクション形式

TS パケットのペイロードでは、映像や音声のストリーム（ES）をパケット化した PES パケットの他に、セクションと呼ばれる形式のデータも格納されて、伝送される。EPG として表示される番組配列情報（SI：Service Information）や選局のための情報、ECM（Entitlement Control Message）、EMM（Entitlement Management Message）、DSM-CC（Digital Strage Media Command and Control）データカルーセル伝送方式で伝送されるデータ放送のデータなどである。

図 7.7 は、**セクション形式**の基本構造を示したものである。構造には、通常形式と拡張形式の2パターンがある。どちらの形式であるかは、シンタックス指示（section_syntax_indicator）の値により判別できるようになっている。

① テーブル ID（table_id）

セクションが属するテーブル（後述する PAT，PMT など）を識別するための番号。テーブルごとにユニークな番号が割り当てられている。

② シンタックス指示（section_syntax_indicator）

'0' のとき、そのセクションが通常形式であることを、'1' のとき拡張形式であることを示す。

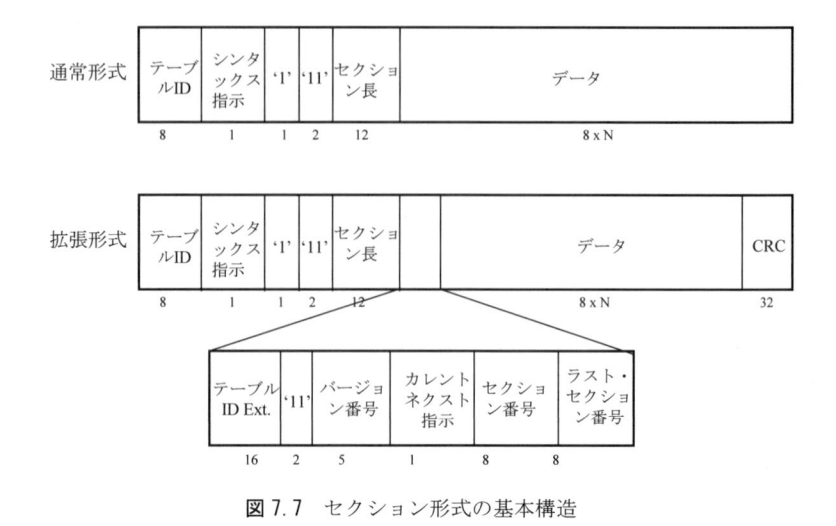

図7.7 セクション形式の基本構造

③ バージョン番号（version_number）

テーブルのバージョン番号を示す。通常は、テーブルの内容が変更されるごとに1ずつインクリメントされる。

④ セクション番号（section_number）

セクションが、テーブルを構成する全セクションの中の何番目のセクションであるかを示す。テーブルを構成するセクションの総数がラスト・セクション番号に記述されるため、セクション番号＝0x02、ラスト・セクション番号＝0x1Aの場合には、テーブル全体で27個のセクションからなり、このセクションが3番目のセクションであることを示す（セクション番号＝0x00がひとつ目のセクション）。

⑤ CRC（Cyclic Redundancy Check）

データが正しいかどうかを検証するための32ビットのチェック符号である。

7.4 PSI/SI信号とその送出

ここでは、PSI信号とSI信号について説明する。どちらもセクション形式をしたデータ群でテーブルが構成されている。

第 7 章　デジタル放送の送信　　　　　　　　　　　157

① PSI（Program Specific Information）
　PSI は、MPEG-2 システムズにおいて規定されるデータで、TS を DeMux する場合に必要となる情報である。PSI には、後述する PAT、PMT などがある。受信機は、選局時や ES 切り替え時など必要な TS パケットを判別するために PSI 情報を取得、参照する。
② SI（Service Information）
　EIT や SDT など、番組やサービスの情報を記述したセクション形式のデータで構成される。通常、番組配列情報と訳される。受信機は、EPG など番組の情報を表示する場合などにも SI 情報を利用している。

7.4.1　PSI/SI 信号の各テーブル

　以下に主な PSI/SI のテーブルとその役割について説明する。
① PAT（Program Association Table）
　各サービス（チャンネル）の PMT を伝送している TS パケットを特定するためのテーブルである。TS にひとつ存在し、その TS に存在するサービス ID（規格上は program_number となっており、チャンネル番号に等しい）とそのサービスの PMT の PID、NIT の PID などが記述されている。
② CAT（Conditional Access Table）
　限定受信サービス（有料放送などに用いられるスクランブルを掛けたサービス）に関連した情報を記述するテーブルである。このテーブルに配置される記述子により、限定受信方式を識別する CA_system_id や EMM を伝送する PID などが指定される。
③ PMT（Program Map Table）
　サービスを構成する映像、音声、データなどのストリームを伝送する TS パケットを特定するためのテーブルである。PMT はサービスごとに存在し、そのサービスを構成する各ストリームの PID やストリームのタイプなどを指定する。サービスのストリーム構成やストリームの種類などが変更される場合には、同様に PMT の内容も更新する必要がある。PMT 自体の PID は、PAT により指定される。
④ NIT（Network Information Table）
　伝送路（ネットワーク）における物理的構成に関する情報や、ネットワーク

自身の特性を記述したテーブルである。ネットワークを識別するためのネットワーク ID（network_id）や再配信の場合などにもとのネットワークを示すオリジナル・ネットワーク ID（original_network_id）、各 TS に含まれるサービスの構成なども記述される。受信機は、ネットワーク ID により、現在受信中の信号がどのネットワークのものか、また受信、再生可能なものかを判断する。衛星放送の場合、衛星の軌道、偏波、各トランスポンダの周波数なども記述される。

⑤ SDT（Service Description Table）

TS 中に存在するサービス（チャンネル）の情報を記載したテーブルである。サービス ID（チャンネル番号）やサービス名（チャンネル名）、サービスのタイプなどが記載される。SDT[actual]により自身の TS について、SDT[other]により自身以外の他の TS に関する情報が伝送される。

⑥ EIT（Event Information Table）

各サービスに含まれるイベント（番組）のタイトル、放送日時、内容の説明など、番組に関する情報を記述したテーブルである。このテーブルにおいて指定されるイベント ID（event_id）は、サービス内でユニークな番号であり、番組を特定するために使用される。EIT には、present/following（p/f）と schedule という区別と actual と other という2種類の区別がある。EIT[p/f]では、現在放送中の番組とその次に放送される番組の情報が記載される。EIT[schedule]では、例えば1週間先までの番組情報を伝送することが可能である。また actual では、自身の TS の、other では他の TS の番組情報が記述される。

⑦ TDT（Time and Date Table）

日付と時刻情報を伝送するためのテーブルである。日本では、現在日付と現在時刻を、日本標準時と修正ユリウス日（MJD）からなる40ビットの JST_time で表現している。BS デジタル放送などでは、サマータイム実施時の時間オフセット値も伝送できる TOT（Time Offset Table）を TDT に代わって伝送している。

⑧ BIT（Broadcaster Information Table）

ブロードキャスタ（放送事業者）という括りを指定するために BS デジタル放送で新たに規定されたテーブルである。ブロードキャスタを識別する ID や、ブロードキャスタ単位で SI の送信周期などの情報を指定できるようになって

いる。

7.4.2 BSデジタル放送のSI運用

ここでは、BSデジタル放送におけるSI運用について簡単に説明する。BSデジタル放送では、複数の放送事業者がひとつの衛星を用いてサービスを行っている。衛星の4つのトランスポンダが使用されており、合計10個のTSが存在する。多くのTSは、独立データ事業者も含む2つ以上の放送事業者でひとつのTSが構成されている（NHKはアナログハイビジョンのサイマル放送実施などもあり、2TS構成となっている）。BSデジタル放送では、各TSにおいて送出するSI信号の送出規定がARIB TR-B15として定められている。

(1) 全局SIと各局SI

BSデジタル放送では、大きく分けて「全局SI」と「各局SI」という2種類のSIが規定されている。

① 全局SI

各事業者（厳密にいうと各TS）が、共通に送出することを義務付けられているSI信号であり、全局SIとして伝送するテーブルは、NIT、BIT、SDT、EITである。

受信機は、受信しているTS以外の情報を取得することができない。このため受信機が、視聴者の番組視聴を妨げることなくSI情報を取得するためには、それぞれのTSにおいて全TSのSI情報を伝送する必要がある。このため全局SIでは、そのTSで伝送されているサービスの情報に加えて、他のTSで伝送されているサービスに関する情報も送信されている。また全局SIの情報は、送出するTSにより受信機が取得する情報の種類や量が異なることがないように、すべてのTSにおいて同じ内容が伝送される。

② 各局SI

全局SIの送出範囲を超えて、規定の中で事業者が自由に送出できるのが各局SIである。番組の解説文について、全局SIで定められた文字数よりも多くの記述が可能となっており、番組に対してより詳細な解説が可能となっている。また、テレビサービスの番組情報は8日先まで送出する規定となっているが、この範囲を超えて、例えば10日先の番組に関する情報を送ることもできる。各局SIで伝送されるのは、自身のTSに含まれるサービスのEITである。

(2) SI の集配信機能

全局 SI では、他局（他 TS）の番組情報を各局（各 TS）で送出している。このために、各局の番組情報を一度一箇所に集めてマージし、それを各局に分配する仕組みが取られている。これが SI 集配信センターである。SI 集配信機能の概略を示したのが、図 7.8 である。SI 集配信センターでは、各局 SI のデータは扱われない。

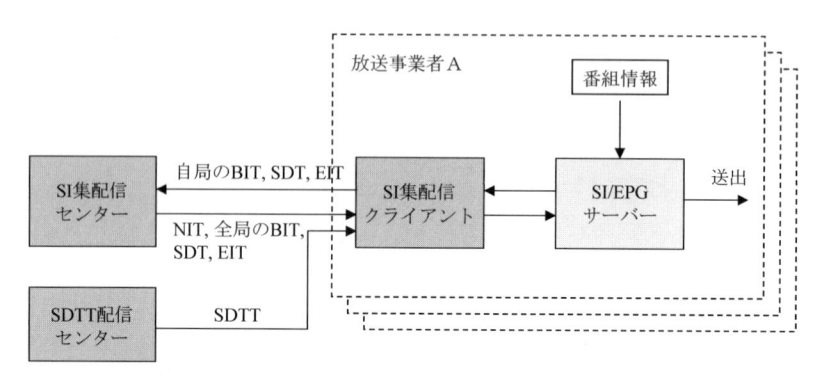

図 7.8　SI 集配信機能の概略

各局はそれぞれ SI/EPG サーバーをもち、そこにその放送局の番組情報が蓄積されている。SI 集配信センターは、各局に配置されている SI 集配信クライアントを介して、SI/EPG サーバーと SI 情報の受け渡しを行う。各局は、自局の情報（BIT、SDT、EIT）を SI 集配信クライアント経由で SI 集配信センターへ送信する。SI 集配信センターは、各局から集まってきた SI 情報をマージし、すべての局（TS）の情報を反映した BIT、SDT、EIT を作成する。その全局の SI 情報を、SI 集配信クライアント経由で各局の SI/EPG サーバーに分配する。SI/EPG サーバーは、受け取ったデータをもとに、全局 SI 信号を構築し、送出する。また、BS デジタル放送のネットワーク情報である NIT は、SI 集配信センターより各局へ配信される。NIT、BIT、SDT は日頃更新される情報ではないため、通常では EIT の情報が各局と SI 集配信センターの間で通信されることになる。

また、SI 集配信クライアントは、SI 集配信センターとの中継点としての役割の他に、SDTT 配信センターから SDTT データを各局へ分配する中継点の役

割も担っている。SDTT（Software Download Trigger Table）は、受信機へデータをダウンロードする場合の告知情報であり、それぞれの TS で送信されている。

7.5 データ放送の送出

デジタル放送の特徴のひとつとして、データ放送がある。アナログ放送においてもいくつかのデータ放送方式があるが、電波の隙間を使ってデータを配信するために十分なデータ転送量を確保できないことや、受信機能をもつテレビが一部の機種だけであったことなどから、十分に普及したとはいいがたい。デジタル放送におけるデータ放送方式は、先に放送を開始した CS デジタル放送こそ事業者独自の符号化方式を取っているものの、後の BS デジタル放送からはデータ放送の規格も整備された。データ放送の規格として、ARIB STD-B24「デジタル放送におけるデータ放送符号化方式と伝送方式」という規格が策定された。この規格は、メディア横断的な規格であり、BS デジタル放送はもとより、110 度 CS 放送や地上デジタル放送においても、この規格に準拠している。ただし、新しいサービス要求、技術進歩のため、規格は必要に応じて随時改定されていくので注意が必要である。

デジタル放送の符号化方式に、BML（Broadcast Markup Language）方式が規格化されている（他にモノメディア符号化方式なども規定されている）。BML は、XML（汎用マークアップ言語である SGML を簡略化、機能拡張したもの）をベースとするマルチメディア符号化方式であり、インターネットとの整合性が確保しやすいことや、将来の拡張性などの理由から採用されている。

データ伝送方式として、字幕・スーパーなどを伝送する独立 PES 方式の他に、次項で述べる DSM-CC データカルーセル伝送方式が定められている。受信機に対するデータダウンロードやマルチメディアサービスにおけるコンテンツ伝送など、ストリーミングを要しないデータ伝送においては、このカルーセル伝送方式が用いられる。

7.5.1 DSM-CC データカルーセル伝送方式

ここでは、データ放送の伝送方式のひとつである DSM-CC（Digital Storage

Media Command and Control）**データカルーセル伝送方式**について説明する。

カルーセルとは、「回転木馬」という意味である。回転木馬では、複数の馬がある地点を順々に通過し、1周するとまた同じ馬が同じ順番に通過していく。これと同じようにカルーセル伝送方式では、データ（コンテンツ）が一定間隔で繰り返し伝送される。このため、受信機に対するデータダウンロードやデータ・コンテンツの伝送など、ストリーミングを要しない場合に用いられる。データが繰り返し伝送されるため、受信機は放送時間中の任意のタイミングで必要なデータを取得することが可能である。

データカルーセル伝送では、コンテンツの実データが含まれる DDB メッセージと、DDB のディレクトリ情報を記載した DII メッセージの2つのメッセージが基本的に使用される。また、データ・プログラムを指定時刻に動作させる場合には、イベントメッセージが用いられる。

図 7.9 は、カルーセル伝送のイメージを表したものである。また、DDB と DII の関係を簡単に記したのが図 7.10 である。

① DDB（Download Data Block）

コンテンツのデータ本体を伝送するためのものである。コンテンツは、通常複数のモジュールから構成されており、それぞれに module_id が割り当てられる。モジュールは固定長のデータブロック単位に分割され、DDB の block Data Byte 領域に格納されて伝送される。DDB にはブロック番号（block_number）が割り当てられており、受信機はこのブロック番号の順に取得したデータブロックを並べ替えることで、受信機内にモジュールを再構築する。

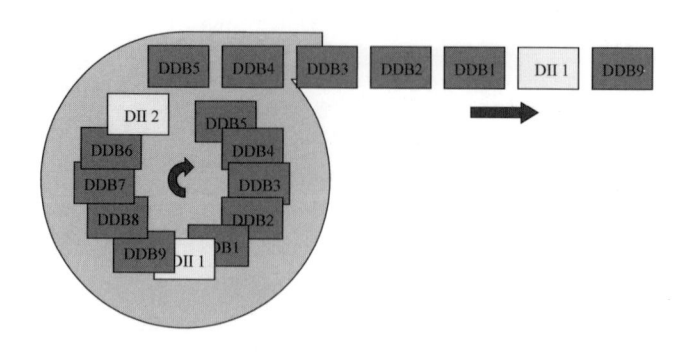

図 7.9　カルーセル伝送のイメージ図

第7章 デジタル放送の送信

```
DIIセクション
Table_id(=0x3B)
……
Table_id_ext(=transaction_id の
下位2bit)
……
numberOfModules
for(){
  module_id
  module_version
}
……
```

```
モジュール1
  DDBセクション
  Table_id(=0x3C)
  ……
  Table_id_ext(=module_id)
  ……
  section_number
  last_section_number
  ……
  module_id
  module_version
  reserved
  block_number
  {
    blockDataByte（データ本体）
  }
  ……
```

モジュール1: DDB DDB DDB DDB

モジュール2: DDB DDB DDB

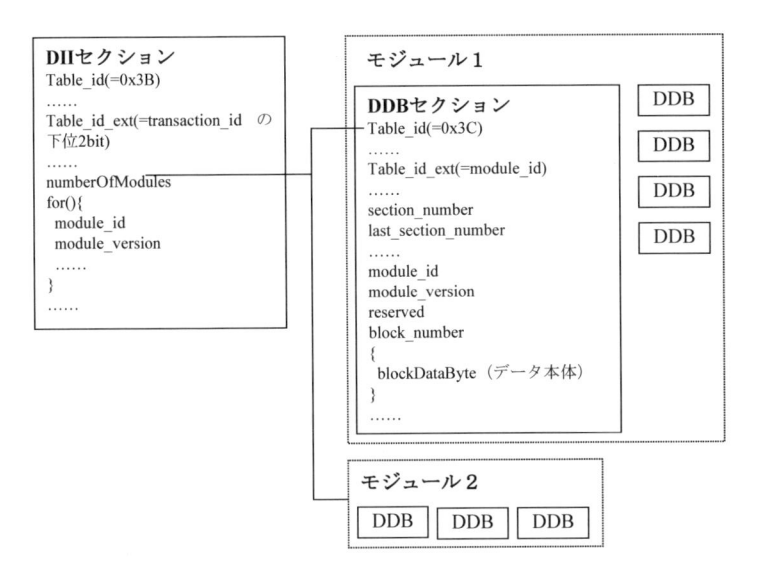

図 7.10　DDB と DII の関係図

② DII（Download Info Indication）

コンテンツを構成するモジュールのディレクトリ情報やモジュールサイズなどを記述したデータである。ひとつの DII で複数のモジュール情報を記述することが可能であり、受信機は、モジュール構成を知るためにまずこの DII を取得する。

7.5.2 データ放送の送出設備

データ放送には、テレビ（またはラジオ）放送に連動してデータ・コンテンツが送出される連動系のデータ放送と、データのみを送出する独立系データ放送の2種類がある。連動系のデータ放送では、テレビ番組の開始、終了のタイミングや、番組のコーナー、CM のタイミングに合わせて送出を制御する必要があるため、番組の映像・音声の送出を制御している装置からの制御信号を受けて動作する。図 7.11 は、連動系データ送出設備の例である。

コンテンツ制作設備において制作されたコンテンツ素材を、カルーセル送出装置からカルーセル伝送している。送出の開始、停止は、送出制御装置からの

指示により行われる。また、データ・コンテンツの中で、あるアプリケーションを指定のタイミングで動作させるために、イベントメッセージの機能が用いられる。

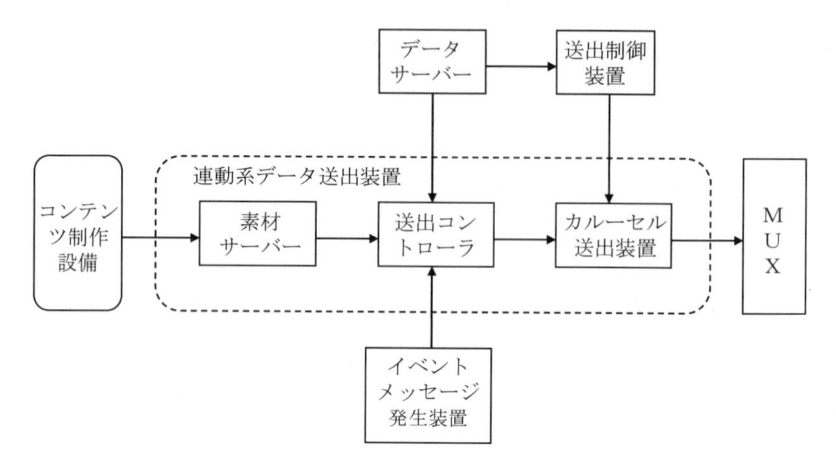

図 7.11 連動系データ送出設備の例

7.6 限定受信方式

限定受信（CAS：Conditional Access System）とは、ある特定の番組にスクランブルを掛け、特定の視聴者にだけスクランブルを解除し、視聴できるようにするためのシステムである。限定受信を用いて、チャンネルの視聴契約をしている人が、視聴しているチャンネルのみを見ることができるようなサービス（月極め契約など）や、視聴した番組に対してその分の視聴料を支払う PPV（ペイ・パー・ビュー）方式などが行われている。

限定受信では、信号の改ざんや迂回などによる不法な無断視聴などが行われないように、セキュリティを確保する必要がある。CS デジタル放送や BS デジタル放送では、限定受信のために受信機に IC カードが挿入されるようになっている。これは、IC カードはセキュリティが高いことに加えて、万一改ざんされた場合にも、受信機の交換ではなく IC カードの交換で CAS システムの更新ができるというメリットがあるためである。

また、限定受信方式では、視聴者が特定できる（厳密には受信機にある IC

カードが特定される）ため、その視聴者への契約信号を送信することや、メッセージをメールにより送信することが可能である。

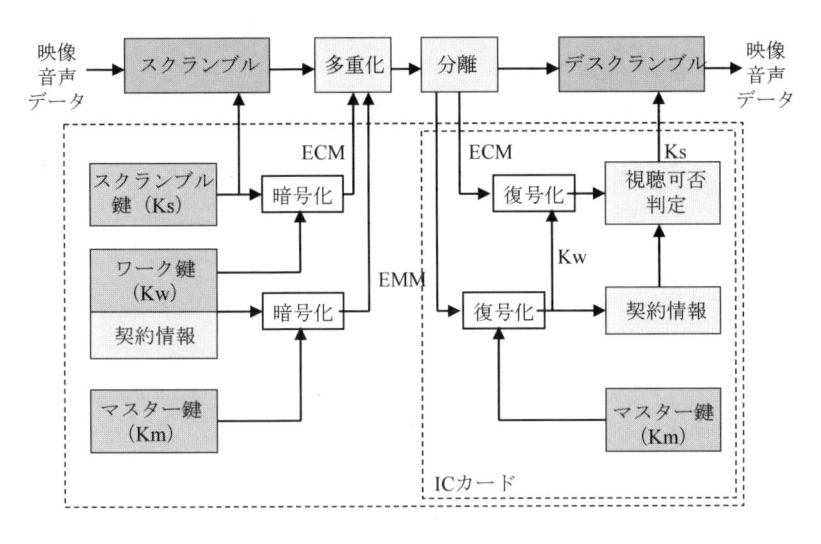

図 7.12 限定受信方式

図 7.12 は、限定受信方式の仕組みを簡単に記したものである。番組の映像や音声、データ信号は、スクランブル鍵を用いてスクランブルが施こされ、伝送される。受信機は、映像信号などと別に送られてくるスクランブル鍵を取得し、その鍵を用いて映像、音声、データ信号のスクランブルを解除する。限定受信に関する情報は、ECM、EMM 信号として伝送される。また、CS デジタル放送、BS デジタル放送では、スクランブル方式として MULTI2 方式が採用されている。

① **ECM**（Entitlement Control Message）

デスクランブルを行うためのスクランブル鍵を伝送するためのセクション形式の信号である。ワーク鍵の識別やデコーダのスクランブル機能の強制 ON/OFF 情報なども伝送する。

② **EMM**（Entitlement Management Message）

ワーク鍵を伝送するためのセクション形式の信号である。有料放送における加入者の契約タイプや契約期間などの契約情報も伝送する。

③ スクランブル鍵（Ks）

映像、音声、データのそれぞれの信号にスクランブルを掛けるための鍵（キー）である。奇数鍵（Odd）と偶数鍵（Even）の2つの鍵がある。ECMにより伝送される。通常、数秒ごとに更新される。

④ ワーク鍵（Kw）

ECMデータを暗号化するための鍵である。EMMにより伝送される。通常、比較的長い一定の周期で更新される。

⑤ マスター鍵（Km）

EMMを暗号化するための鍵である。通常、受信機ごと（ICカードごと）に固有の鍵である。

7.7 伝送路符号化と信号の送出

7.7.1 伝送路符号化方式

伝送路符号化方式は、それぞれの伝送路によって異なっている。表7.1は、伝送路符号化方式について記載したものである。それぞれの方式の違いは、各伝送路の特徴と規格策定時の技術によるものである。

BSデジタル放送では3種類の変調方式があり、降雨減衰時に受信機がより低階層の信号を受信することで安定してサービスを提示できるように、階層伝送を行うことも可能となっている。階層伝送により、ある特定地域が豪雨によりHD画質の放送を受信できない場合でも、解像度を落とした番組を提供する

表7.1 伝送路符号化方式

	CSデジタル放送*	BSデジタル放送*	地上デジタル放送
変調方式	QPSK	TC8PSK, QPSK, BPSK	階層ごとにQPSK、16QAM、64QAMを適用
誤り訂正 （内符号）	畳み込み符号	TC8PSKの場合、トレリス符号化変調 その他の変調方式の場合、畳み込み符号	畳み込み符号
誤り訂正 （外符号）	短縮化リード・ソロモン（204, 188）		

＊：広帯域CSデジタル放送（110度CS）については、BSデジタル放送と同一方式

ことが可能となっている。これは通信衛星を用いた CS デジタル放送に対して、放送衛星を用いた BS デジタル放送は基幹メディアとしての役割を担っているための機能ともいえる。公共放送である NHK では、この階層伝送の運用が行われている。

　地上デジタル放送では、**OFDM**（直交周波数分割多重）方式が採用されている。OFDM は、マルチパス（遅延波）による妨害に強く、ビルや山などによる反射波を考慮しなければならない地上波に適している。また、OFDM では、SFN（単一周波数中継）が可能であり周波数の有効活用に適している。地上デジタル放送では、家庭に設置されたテレビ（固定受信）から車載用の移動受信、携帯受信などサービス形態に応じて、64QAM や 16QAM などの変調方式を使い分けることができる。

7.7.2　BS のアップリンク設備

　BS デジタル放送のアップリンク設備は、渋谷の NHK に主局があり、B-SAT 社が運営している。アップリンクセンターでは、各事業者から光ファイバーで TS 信号を受信し、トランスポンダ単位に合成して放送衛星に電波を発射している。また、先に記載した SI 集配信機能もこのアップリンクセンターにある。

　図 7.13 は、アップリンクセンターのアップリンク部分の設備について、概略を記したものである。擬似同期化装置は、各局からの信号をアップリンクセンターにおいて擬似的に同期を合わせるための装置である。各局の時計装置はそれぞれ独立に動いており、局とセンターで互いに同期の取れていないクロックで運用すると、TS 合成装置においてバッファのアンダーフローやオーバーフローを起こしてしまう。このため、各局からの TS にあらかじめ埋め込まれたヌルパケットの挿入／削除により、擬似的にクロックを同期させるための装置である。なお、アップリンクセンターを施設内にもつ NHK は、同期が取れているため擬似同期化装置は使用しない。

　図には記していないが、各局からセンターへの光回線は二重構成になっている。センターで TS 信号を監視しており、異常が発生した場合には自動で予備側へ系の切り替えが行われる。

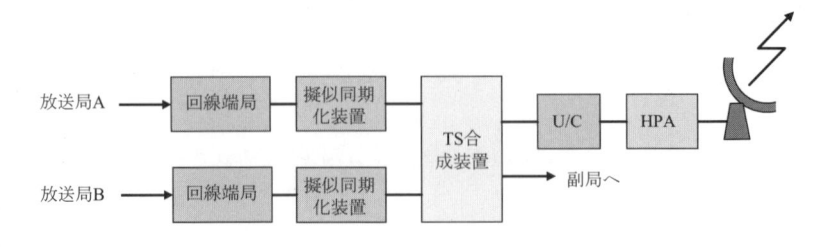

図 7.13　アップリンク設備の概略

写真 7.3　BS デジタル放送のアップリンク設備（B-SAT 提供）

7.7.3　地上デジタル放送の送信処理

　デジタル放送のうち、110 度 CS デジタル放送の場合の送信処理は、本章で述べてきた BS デジタル放送と全く同一のものである。しかし、地上デジタル放送においては画面規格や情報源符号化は共通だが、伝送路符号化部分では、異なった処理が行われている。図 7.14 は地上デジタル放送の伝送路符号化の系統図を示している。

　図の左側から、情報源符号化の結果としての各サービスの TS が入力される。これらの TS は再多重され、一緒に外符号であるリード・ソロモン符号化が行われる。この後の処理は、第 3 章に述べたように、QAM や QPSK など変調

第 7 章　デジタル放送の送信

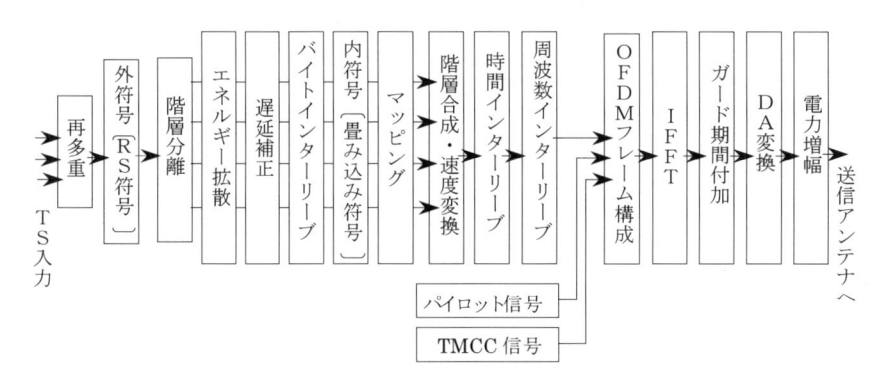

```
TS入力 → 再多重 → 外符号(RS符号) → 階層分離 → エネルギー拡散 → 遅延補正 → バイトインターリーブ → 内符号(畳み込み符号) → マッピング → 階層合成・速度変換 → 時間インターリーブ → 周波数インターリーブ → OFDMフレーム構成 → IFFT → ガード期間付加 → DA変換 → 電力増幅 → 送信アンテナへ

パイロット信号
TMCC信号
```

図 7.14　地上デジタル放送の送信系統図

　方式が異なる階層に分けた上で、それぞれ単独にエネルギー拡散、バイトインターリーブや内符号化処理をした後、それぞれの階層ごとに指定された変調を行う。変調を終えた符号は、メモリーに収納されて、OFDM のクロックで類似の階層は再合成されながら読み出され、時間（ビット）インターリーブといくつかの周波数インターリーブが掛けられた後、TMCC やパイロット信号とともに OFDM フレームの形に構成される。フレーム内の符号は、IFFT を用いて多数の OFDM 搬送波に変換される。

　最後の処理は、各搬送波へのガード期間の付加と QAM の振幅方向にも情報を載せるための D→A 変換である。OFDM の多数の搬送波は、送信アンテナに給電するために電力増幅された後、空中に輻射される。

第 8 章
デジタル放送の受信

　デジタル放送受信機においても、その基本機能はアナログテレビ受像機と同様に視聴者の選択するチャンネルの番組を提示することである。しかし、受像機内部での処理は、アナログとデジタルでは全く異なるといっても過言ではない。デジタル放送受信機では、パケット化されて伝送される映像・音声・データなどの信号から必要なパケットを取り出す処理や、それらの信号をデコード、提示する処理、EPGなどの番組ガイドの提示処理なども行われている。

　受信機は、送り手（放送局）の意図どおりに、視聴者に対して映像などを提示する必要がある。それはデジタル放送において定められた規格に従って伝送されてくる信号を、視聴者に対して規格どおりに提示することに他ならない。このために、信号の送信規定や受信機の動作規定が定められている。しかし、その基本部分以外の多くの機能や、受信機内部の処理については、受信機を開発・製造しているメーカーの設計・商品企画によるものである。

　本章では、一般的なデジタル放送受信機がもつ基本機能とその処理について、概要を説明する。

8.1 受信機の種類

アナログ放送におけるテレビでは、電波を受信するチューナー部とそれを映像にしてブラウン管などに表示する提示部分が一体となっていたが、現在のデジタル放送受信機には、単体受信機と受信機内蔵テレビの2つのタイプがある。

単体受信機（チューナー型）は、デジタル放送信号を受信・処理して得られる映像・音声信号を受信機の端子から出すものである。この端子とテレビ側の端子をつなぐことで、番組の視聴が可能となる。すでに家庭にあるテレビがもっている映像・音声の提示機能をそのまま用いて、従来視聴できなかったデジタル放送の受信機能部分を追加する場合などに適している。ただし、高精細映像の放送（HD放送）を受信しても、テレビが高精細テレビでない場合にはHD画質で見ることができないということも起こり得るため、単体受信機とテレビの組み合わせには注意が必要である。

一方、受信機内蔵テレビ（内蔵型）は、単体受信機のデジタル放送受信機能がテレビに組み込まれたものである。現在の内蔵テレビはHD対応のものがほとんどであるので、基本的にはデジタル放送におけるHD画質を十分堪能することができる。今後、地上放送もデジタル化されていくに従い、デジタル放送の受信機能はすべてのテレビに取り込まれていくことであろう。

単体受信機、受信機内蔵テレビの違いは、映像・音声を提示する部分を外部にもつかどうかの差だけであり、デジタル放送の信号を受信、処理する基本機能は一般的に同じと考えることができる。

8.2 受信機の基本機能

デジタル放送受信機のもつ基本的な機能には、以下のようなものがある。

① 信号の受信
指定されたチャンネルの周波数の電波を受信し、信号の復調、エラー訂正などを行う。

② 選局機能
視聴者の指定するチャンネルを受信するための機能。デジタル放送では、複

第 8 章　デジタル放送の受信

数のチャンネルの信号が多重して送られるため、受信機はその中から必要なストリームを取り出さなければならない。選局を行うために、映像などのストリームと一緒に伝送される PSI 信号が用いられる。選局動作については、8.4 節で説明する。

③　デコード処理

受信している TS（トランスポート・ストリーム）から必要な信号を取り出し（TS デコード）、映像や音声信号を復号化（AV デコード）する。

④　提示機能

復号化した映像・音声信号や番組ガイドなどを視聴者に提示する機能。

⑤　限定受信

スクランブルを掛けて伝送された信号を、デスクランブルする機能。

⑥　EPG（Electronic Program Guide）

主に SI 信号を用いて、現在放送中の番組またはこれから放送される番組の情報などを画面上に提示する機能。電子番組ガイドなどとも呼ばれる。EPG を用いた録画予約機能をもつ受信機もある。

⑦　双方向通信

モデムを介して、双方向センターなどと通信する機能。PPV サービスの視聴データや、データ放送におけるアンケートの回答や応募データの通信などに用いられる。将来は、インターネットへの接続も予定されている。

⑧　ダウンロード機能

受信機の書き替え用のソフトウェアやチャンネル・ロゴの更新データなどが電波で送信されている場合に、その信号を受信してソフトウェアやデータなどを書き替える機能。

⑨　高速デジタル・インタフェース

録画機器をはじめとする外部機器に対して、TS または TS の一部を出力するための機能。BS デジタル放送以降では、高速デジタル・インタフェースの端子として i.LINK（IEEE1394）が用いられており、デジタル保護されたパーシャル TS が出力されている。

8.3 受信から提示までの流れ

図 8.1 は、デジタル放送受信機が放送信号を受信してから提示するまでの処理について、基本的な流れを示したものである。受信機の内部で行われる処理は、基本的に第 7 章で述べた信号を送信する処理と逆の処理が、送信と逆の順序で行われている。つまり、変調して送信された信号は受信機で復調され、送信側において MPEG 方式でエンコードされた信号は受信機側でデコードされて提示される。信号を受信するまでの選局動作については、8.4 節で説明する。

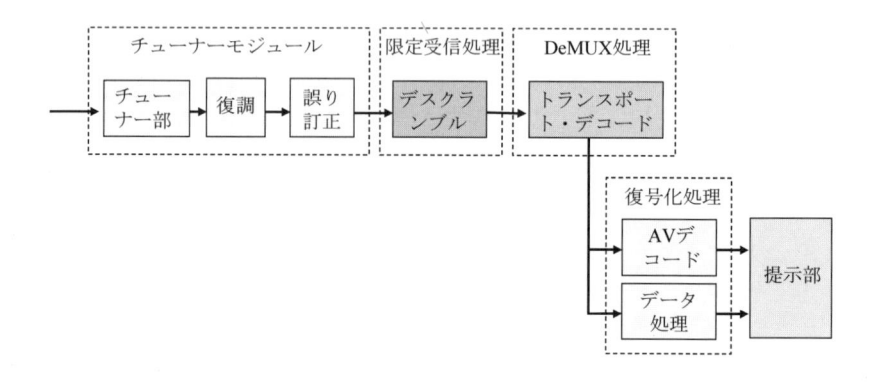

図 8.1　受信から提示までの流れ

以下、各処理の概要について説明する。
　① 　チューナーモジュール
　この部分の処理はフロント・エンド信号処理とも呼ばれ、指定された周波数の信号を選局し、TS を抽出する部分である。変調波を復調し、誤り訂正（内符号、外符号）の処理、フレームの再構成、エネルギーの逆拡散などが行われる。
　変調方式などが伝送路符号化方式により異なるため、一般的にこの部分も伝送路により（メディアにより）異なることになる。
　② 　限定受信処理
　有料放送などスクランブルを掛けて伝送された信号を受信、提示するために

第 8 章 デジタル放送の受信　　　*175*

はスクランブルを解く**デスクランブル**という処理を行う必要がある。デスクランブルは、デスクランブラで行われる。図 8.2 は、デスクランブル部分の主な信号の流れを表したものである。

デスクランブルの基本的な手順は次のようなものである。
1）TS デコーダは、TS の中から EMM を取り出して IC カードへ渡す。これにより有料放送などにおける視聴可能なチャンネルや番組が IC カードに設定されることになる。

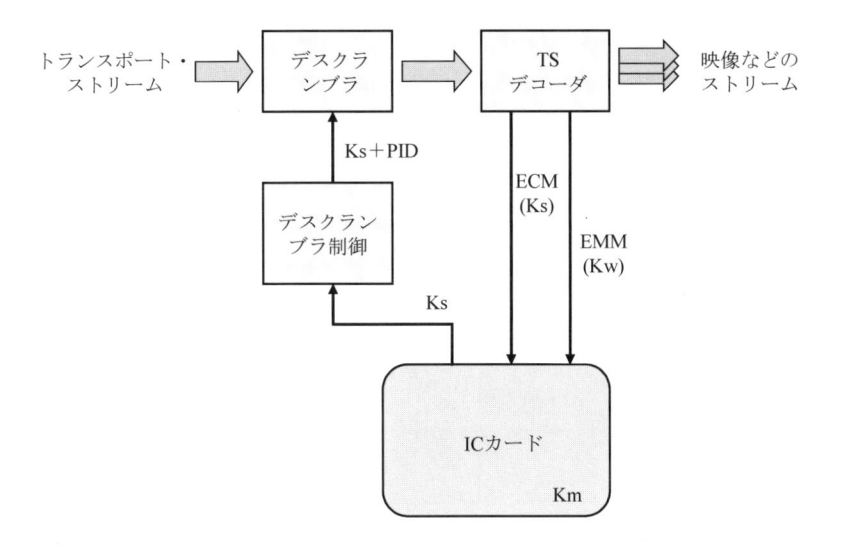

図 8.2　デスクランブルの流れ

2）映像や音声などのストリームにスクランブルが施されている場合には、そのストリームとともに、そのストリームをスクランブルしたときのスクランブル鍵（Ks）が伝送される。**スクランブル鍵**は、暗号化されて ECM により伝送される。受信機は、ストリームと ECM の対応を PMT により判断する。
3）ECM が IC カードに渡される。
4）視聴が許可されていると判断されると、復号化されたスクランブル鍵

(Ks) が IC カードから取り出される。
5）デスクランブラは、その鍵を用いて PID で指定されるストリームをデスクランブルする。

③ DeMUX 処理

DeMUX 処理は、送信側の多重装置（MUX）において映像や音声などの複数のストリームが多重された TS から、必要なストリームを取り出す処理である。さまざまなストリームのパケットの中から、必要とするパケットを取り出すためにフィルタリングが行われる。あるチャンネルに選局した場合、そのチャンネルの PMT には、そのチャンネルのサービスを構成する映像や音声ストリームの PID（パケット ID）が指定されている。受信機はその PID のパケットをフィルタリングして、映像や音声のストリームを取り出すことで、番組を提示することができる。また、SI や PSI などのセクション形式の信号においては、PID の他にテーブル ID なども用いて所望のテーブルが取り込まれる。

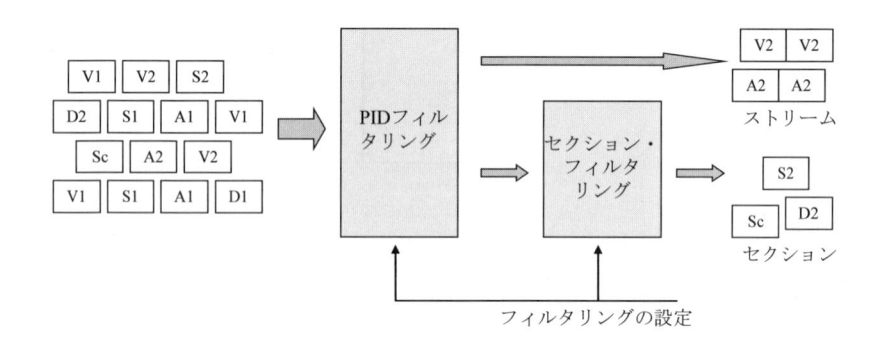

図 8.3　フィルタリングのイメージ

図 8.3 は、フィルタリングのイメージを表したものである。図において、V は映像パケット、A は音声パケット、D はデータパケット、S は PSI/SI のパケットを表しており、それに続く番号（例えば V1 の "1"）はチャンネルの番号を表している。S1 はチャンネル 1 用の PSI/SI 信号のパケットを、Sc はチャンネルによらない共通の PSI/SI 信号のパケットを表している。図では、複数のチャンネルの信号が多重された TS から、PID フィルタリングによってチャンネル 2 の映像と音声のパケットが取り出されるイメージが示されている。また、

セクション形式であるデータ信号や PSI/SI 信号は、PID フィルタリングの後さらにセクション・フィルタリングが行われて取り出されている。

④ 復号化処理

トランスポート・デコーダにより取り出された、映像・音声・データ信号の復号を行う処理である。映像・音声については、MPEG 規格により符号化（エンコード）された信号を、MPEG の規定に従って復号化（**デコード**）処理を行う。MPEG 方式による映像の符号化については第 2 章を参照されたい。データ放送については、受信信号のデータ符号化方式（PMT のデータ符号化方式記述子により指定される）に従って復号化を行う。BS デジタル放送では、BML というマルチメディア符号化方式の応用言語が用いられている。

⑤ 提示処理

視聴者に対して、映像・音声・データの提示を行う処理である。従来のアナログテレビでは映像信号を表示するだけの場合がほとんどであったが、デジタル放送では映像信号（動画像画面）の上にデータ放送画面を重ねて表示すること、字幕データを受信して字幕スーパーを重ね合わせて表示することなどが可能である。また、データ放送画面の一部に動画像を縮小して表示させることができるため、テレビ番組に連動させたデータ放送では、データ画面の提示中であってもテレビ番組を中断することなく操作することが可能となっている。

また、EPG やメニュー画面などを映像画面に重ね合わせて表示することも可

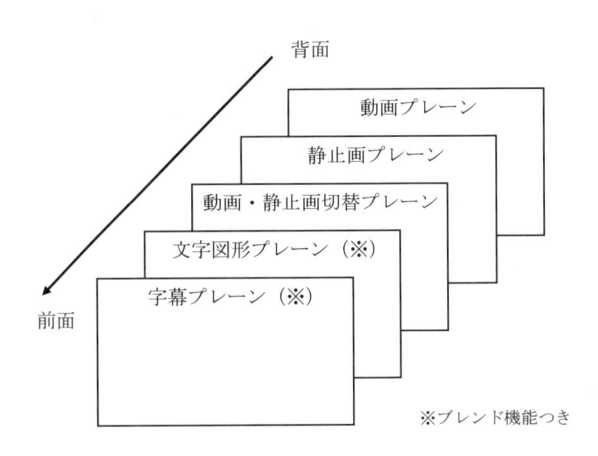

図 8.4　表示プレーンの構成イメージ

能である。このような処理は OSD（On Screen Display）処理とも呼ばれている。受信機は、番組ガイドなどに文字を表示するために、漢字も含めた多くの文字のフォントデータを ROM にもっている。

　図 8.4 は、BS デジタル放送における受信機の表示プレーンのイメージを表したものである。受信機は、論理構成上、動画プレーン、静止画プレーン、動画・静止画切替プレーン、文字図形プレーン、字幕プレーンをもち、その配置順は図のようになっている。動画・静止画切替プレーンは、画素あたり 1 ビットの切替制御を行うためのプレーンで、この 1 ビットの値によりその画素部分に対して動画と静止画のどちらを表示するかが制御される。このようにして、動画と静止画を合成した画面の前面に文字図形プレーンと字幕プレーンが重ね合わされる。この 2 つのプレーンにはブレンド機能があり、重ね合わされる文字などの透明度（ブレンドの率）が指定される。半透明の文字図形の下には、動画と静止画を合成したプレーンの映像が透けて見えることになる。また、各プレーンへの表示はスケーリングで行うことが可能である。

8.4　受信機の選局動作

　デジタル放送では、ひとつのキャリヤーの中に複数のサービス（チャンネル）の映像や音声の信号が多重されて伝送されているため、視聴者があるチャンネルを見ようと選局の操作をした場合に、そのチャンネルのストリームだけを取り出し、提示しなければならない。アナログ放送では、チャンネルとキャリヤーは 1 対 1 の関係であったため、選局したいチャンネルのキャリヤーをチューニングすることが選局動作そのものであった。デジタル放送では、ひとつのキャリヤーに複数のチャンネルが存在するため、選局するためにはキャリヤーの取得に加えてサービスを構成するストリームの取得が必要となる。ここでは、選局の操作が行われてからそのチャンネルが提示されるまでに受信機内部で行われる基本的な選局動作について説明する。

　図 8.5 は、衛星デジタル放送における基本的な選局動作の例を示している。トランスポンダとは衛星の中継器のことである。
　① 視聴者の選局操作

第8章 デジタル放送の受信

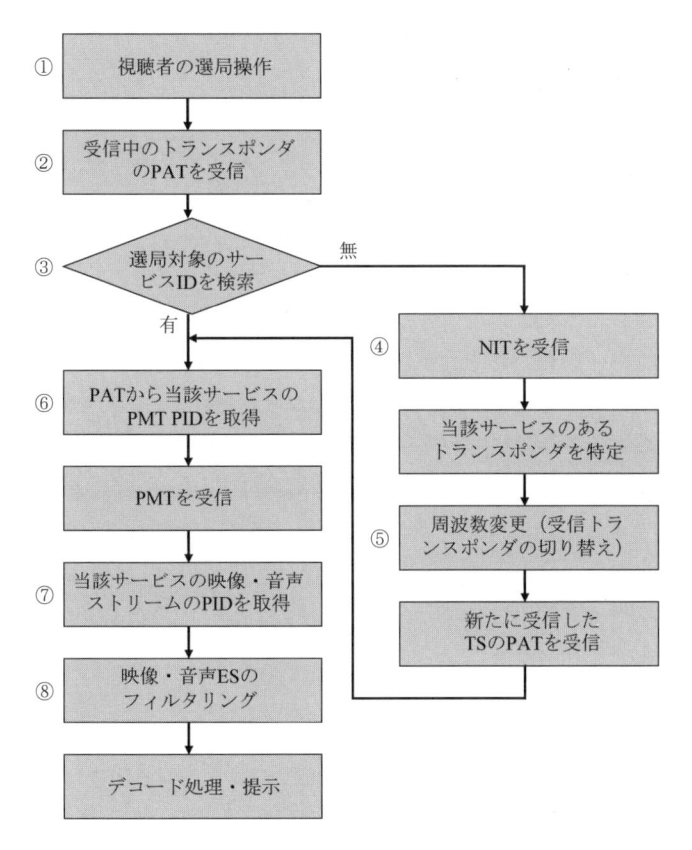

図 8.5 基本的な選局動作

選局操作には、リモコンで直接チャンネル番号を指定する方法やチャンネルのアップダウン切り替え、EPG 画面からの選局などがある。チャンネルには固有の番号（サービス ID）が割り振られており、受信機の選局動作は、このサービス ID に対応した映像や音声などのストリームを提示するための動作ということができる。

② PAT の受信

受信中のトランスポンダの TS の中から、PAT をフィルタリングして受信する。PAT の PID は 0x0000 の固定値と規定されている。

③ 選局対象のサービス ID を検索

受信した PAT の中に、選局対象のチャンネルのサービス ID について記述があるかどうかを確認する。PAT にはその TS 中に存在するサービスが記載されているため、ここに記載がなければ、そのサービスは他の TS で行われているサービスであると判断される（厳密には、サービスが記述されていない場合には放送休止の場合もあり得る）。

④　NIT の受信

先に受信した PAT から別のトランスポンダでサービスが行われていると判断された場合に、NIT を受信する。NIT には受信中のネットワークで行われているすべてのサービスとそれがどのトランスポンダで行われているか、そのトランスポンダの情報（周波数、偏波など）が記述されている。したがって、NIT により選局対象のサービスが存在するトランスポンダが特定される。

⑤　受信トランスポンダの切り替え

NIT より選局対象のサービスがあるトランスポンダが特定できるため、受信周波数を変更し、そのトランスポンダの信号を受信する。トランスポンダの切り替え後、再度 PAT を受信する。ここで取得できる PAT には、選局対象のサービスが記述されていることになる。

⑥　当該サービスの PMT PID の取得

PAT には、そのトランスポンダで（厳密には TS で）行われているサービスに対応した PMT の PID が記載されている。つまり PMT PID は、PAT により間接指定されている。受信機は PAT から PMT の PID 値を知ることにより、サービスに対応した PMT をフィルタリングして取得することが可能となる。

⑦　PID の取得

PMT には、そのサービスの映像、音声、データなどの各種ストリームの PID が指定されている。受信機は、PMT の内容から、選局対象のサービスを提示するために取得しなければならないパケットの PID 値を知ることができる。

⑧　映像・音声ストリームの取得

PMT により PID が指定された映像や音声ストリームをフィルタリングして取得する。取得後、それらはデコード処理され、提示される。

図 8.5 は、衛星デジタル放送における基本的な選局動作例を示したものであるが、ここではトランスポンダにはひとつの TS のみが存在することを前提と

して記述している。BSデジタル放送では、トランスポンダに複数のTSが存在しているためNIT受信後必ずしもトランスポンダの切り替えをせずに、TS切り替えだけが行われる場合もある。また地上デジタル放送では、衛星が用いられないため衛星のトランスポンダは存在せず、ネットワークの単位は事業者の送出設備ごとになる。このためひとつのネットワークに対してひとつのTSのみが存在する。また、限定受信方式が用いられている場合には、さらにCATやEMM、ECMなどの受信動作が加わることになる。受信機によっては、先に受信した情報をメモリー蓄積することにより選局速度を上げる工夫をしているものもある。このように、メディアやサービス形態の違いなどにより多少選局動作は異なるが、いずれの場合にも、図に示した動作が受信機の基本的な選局動作である。

8.5 信号の同期再生

符号化された映像や音声の信号を復号して再生する際に、映像と音声を同期させる必要がある。映像と音声の同期が合っていない場合、出演者の口の動きと音がずれて(いわゆるリップシンクのずれ)、視聴者は非常に違和感を感じることであろう。アナログ放送においては、映像と音声の信号は伝送上固定の遅延しか発生しないため、送信側がAV同期を合わせていれば受信機は受信したまま再生するだけでAV同期を確保することができた。しかしデジタル放送においては、映像によりMPEG圧縮されたビデオフレームのデータ量が変動するため、受信機は受け取った映像信号を単にそのタイミングで再生することはできない。ここでは、映像と音声の同期再生の概要について説明する。

8.5.1 同期信号

MPEG-2システムズでは、送り側と受け側、つまりエンコーダとデコーダに、STCというシステムクロックが設けられており、送り側の同期タイミングで受け側も再生する仕組みとなっている。図8.6は、同期方式のイメージを表したものである。

① STC (System Time Clock)

エンコーダとデコーダにおけるタイミングを取るための27メガヘルツの基

準クロックである。このクロックは、映像や音声を適切なタイミングで提示するため、また復号時刻を示す**タイムスタンプ**（後述の PTS など）を作り出すために使用される。エンコーダ側の基準クロックである STC に合わせて、デコーダ側は映像、音声を再生することになる。

② **PCR**（Program Clock Reference）

デコーダ側の STC 値を、エンコーダ側の基準クロックである STC の値にセット・補正するための 42 ビットの時刻参照値である。送信側の STC に受信側の STC を合わせるために、TS により伝送される。PCR は、PCR パケットとして伝送することも、映像や音声パケットに埋め込んで伝送することもできる。PCR（42 ビット）は、33 ビットの PCR_base と 9 ビットの PCR_extension

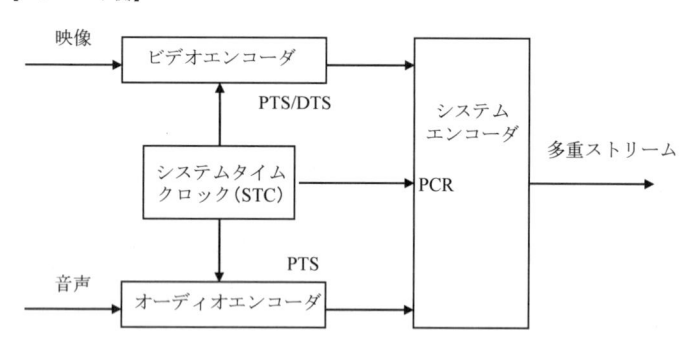

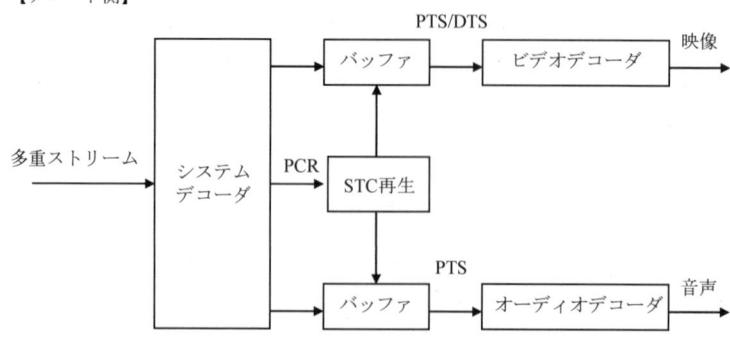

図 8.6 MPEG-2 システムズの同期方式イメージ

領域からなり、PCR_base はシステムクロック周波数の 1/300（90 キロヘルツ）、PCR_extension はシステムクロック周波数（27 メガヘルツ）を単位としている。MPEG-2 の TS では PCR が用いられるが、MPEG-1 や MPEG-2 の PS では SCR（System Clock Reference）が用いられる。

③ PTS（Presentation Time Stamp）

PTS は、映像や音声の再生時刻を示すタイムスタンプで、90 キロヘルツのクロック値を 33 ビットで表している。映像と音声の AU（アクセスユニット）と呼ばれる単位ごとに指定され、受信機は、STC が PTS に一致したときに、その映像信号などを提示する。

④ DTS（Decoding Time Stamp）

DTS は、映像の復号時刻を示すタイムスタンプで、その精度は PTS と同様に 90 キロヘルツである。MPEG 映像では、I・P ピクチャーは、B ピクチャーよりも先に符号化されるため、復号する順番と再生する順番が異なる場合があり、このときに DTS が指定される。

8.5.2　同期再生

受信機は、先に述べた PCR、PTS、DTS を用いて、映像、音声信号の同期再生を実現している。ここでは、同期再生における基本的な受信機動作について説明する。

① 受信機は、PMT の記述から PCR パケットの PID 値を知り、一定周期で送られてくる PCR パケットを取得する。

② 取得した PCR パケットの PCR 値（送り側の STC 値に相当する）を、受信機のクロック再生部にロードする。

③ 受信機のクロック再生部は、自走の 27 メガヘルツ発振器を含む PLL（Phase Locked Loop）回路を所有しており、PCR からロードした STC 値と自走のクロックのカウンター値を比較し、その差が 0 になるように制御を行う。これにより、ある精度内で送信側のクロックに合わせ込むことができる。

④ 受信機は、PTS を映像／音声のストリームから取り出す。映像ストリームに DTS が存在する場合は DTS も取り出す。PTS より表示時刻を、DTS よりデコード時刻を把握する。

⑤ 受信機内部のバッファ、デコーダを制御して、PTS で指定される時刻と

STC 値が一致するタイミングで映像、音声を提示する。

8.6 EPG

EPG（Electronic Program Guide）は、第7章で述べた SI 信号を主に用いることにより、現在放送中の番組またはこれから放送される番組の情報などを画面上に提示する機能である。従来、テレビの番組情報は、新聞のラテ欄やテレビガイド誌などの出版物で供給されることが一般的であったが、デジタル放送により多チャンネル化が進み、どのチャンネルでどのような番組が放送されているか、また今後放送される予定であるかを視聴者が知るための手段として非常に便利である。

EPG 機能の受信機への搭載、およびどのような EPG を提供するかは、基本的に受信機の商品企画によるものである。ここでは、送信されている SI 信号の種類とその内容から実現可能な、一般的な EPG 機能について説明する。

① 番組スケジュール表

数日先までの番組情報が EIT[schedule]により送信されており、受信機はこの情報を用いて、数日先までの番組表を提示することが可能である。BS デジタル放送のテレビ番組の場合、8 日先までの番組情報が送信されている。EIT には、番組の開始日時と番組の長さ、番組名、番組解説などが含まれている。

② チャンネル名、チャンネル・ロゴの表示

各チャンネルのチャンネル名は、SDT により送信されている。受信機は、SDT を取得することにより受信中のチャンネル名や全チャンネルの一覧などを表示することが可能である。また、あらかじめ内部にもつチャンネル・ロゴのマークを表示することが可能である。チャンネル・ロゴの更新時には、更新のための信号が伝送される。

③ 番組属性の表示と切り替え

受信機は、映像や音声コンポーネントなどの情報を取得することで、受信中の番組の映像フォーマットや音声の種類を表示することが可能である。複数の音声が存在する場合には、音声の切り替えも可能である。また有料／無料、コピー制御の情報なども表示することができる。

④ 予約機能

EIT[schedule]の情報を用いることで、放送予定の番組を録画や視聴のために事前に予約することが可能である。番組には、それぞれイベント ID がチャンネルごとにユニークに割り当てられているため、予約した番組の開始時刻が多少ずれた場合には追従することも可能である。

8.7 マンション共聴と CATV による受信

これまで、デジタル放送の受信機能に関して、受信機に信号が到達してからテレビに提示されるまでの処理について述べてきた。デジタル放送の受信形態には、BS や CS の衛星からの電波を受信するためのアンテナを家屋に設置する**直接受信**の他に、マンションのような共同住宅で共同でアンテナを所有し、各家庭に信号を分配する共聴形式、地域のケーブルテレビ（CATV）局を経由してデジタル放送サービスを受信する場合などがある。ここでは、マンションのような集合住宅で用いられているマンション共聴と、CATV による受信について説明する。

8.7.1 マンション共聴

都会のマンションでは、衛星からの電波が隣の高層ビルに遮られたり、小規模マンションでは、北側の並びでは衛星放送が全く受信できなかったりするケースがある。このために共同聴視システムが設置されているか、CATV が引き込まれていることが多い。マンション共聴の場合、個別受信のときと同様に、衛星放送からの 12 ギガヘルツ帯の電波はアンテナで受信の後、アンテナに付属しているコンバータにより、図 8.7 に示すように 1032〜1336 メガヘルツの **BS-IF**（BS Intermediate Frequency）と呼ばれる周波数帯に変換されて、各戸に分配される。

このような、マンション共聴システムは、BS アナログ放送のときにも使わ

図 8.7　BS-IF 伝送による共聴システム

れており、BS デジタル放送でも、さらに地上デジタル放送が始まった後も、周波数に関する重複は全くないため、基本的にはそのまま流用できるものである。ただし厳密にいえば、ある確率でチャンネルが増加した分だけ、混変調歪による妨害が発生する恐れはある。

　しかし、CS デジタル放送や 110 度 CS 放送を共聴システムに取り込むケースでは、様相が一転して複雑になる。スカイパーフェク TV の全チャンネルを、同軸ケーブルで伝送するには、約 2 ギガヘルツの帯域が必要となる。この理由はスカイパーフェク TV のひとつの衛星だけでも、垂直偏波と水平偏波の各 14 本のトランスポンダで送信されている周波数範囲は、それぞれ 480 メガヘルツ弱と 470 メガヘルツ弱あり、共聴システムの同軸ケーブルの中では偏波は存在し得ないため、いずれかの偏波をブロックコンバータを用いて、周波数が重ならないように変換することが必要になる。その後、適切な周波数間隔をとって再合成すると、1 ギガヘルツ弱の帯域となる。スカイパーフェク TV で使われている 2 つの衛星の帯域を合わせると、合計 2 ギガヘルツ弱となり、これを先の BS-IF の上に積み重ねると 3 ギガヘルツ強の帯域が必要になり、共聴機器の規格には未制定の 2.6 ギガヘルツ伝送を用いたとしても、納まりきれないことになる。

　同軸ケーブルを 2 本使用したシステムであれば、全チャンネル伝送は可能になるものの、システムが煩雑になるのでほとんど使われていない。このため、スカイパーフェク TV を引き込んだ共聴システムは、あまり存在しないが、一部のトランスポンダの伝送を省いて、1 本の同軸ケーブルで伝送するシステムが、共聴機器メーカーから提案されている。

　110 度 CS 放送の場合は、共聴システムの対応は比較的容易である。現在、放送サービスに認められているトランスポンダは右旋偏波の 12 本であり、この分の帯域は約 480 メガヘルツである。これを BS-IF と重ならないように、ブロックコンバータを用いて周波数変換した上で、BS-IF の上の周波数に設置したとしても、その周波数上限は 1850 メガヘルツ程度であり、現在の共聴システムの上限である 2150 メガヘルツに、十分に納まりきれる。それでも、110 度 CS サービスが左旋偏波のトランスポンダに拡張された際には、2600 メガヘルツ帯域のシステムにグレードアップすることが必要であろう。

　BS 受信ではその必要はないが、ブロックコンバータを用いて周波数変換す

る共聴システムに接続して使用する CS 放送受信機の場合、据え付け時の初期設定の際に、その共聴システムに合った受信ポジションに設定することが必要になる。これらの共聴システムは、BL（ベターリビング）規格や JEITA 規格として標準化されている。

8.7.2 デジタルテレビ放送の CATV 伝送

　難視共聴から発展してきた CATV は、地上放送以外の自主番組やインターネット伝送を、放送には使用しないミッドバンド（108～170 メガヘルツの間）や、一部のチャンネルが UHF チャンネルと重複するスーパーハイバンド（220～770 メガヘルツの間）を使って放送する施設も、全国で 1000 施設前後を数えるようになった。これらの施設では、アナログ放送の再送信に関しては、BS アナログ放送の取り込みまでは、高々、周波数を変換する程度の処理で対処することができたが、デジタル放送が開始されてからは、その対応に頭を悩ますことになった。もちろん、デジタル放送を受信し、これをアナログ方式に変換して再送信する方策もないことはないが、この方法では、デジタル化を機にアップグレードされたハイビジョンなどのサービスを、加入者には提供できないことになる。

　デジタル放送をデジタル形式のまま、CATV を通じて伝送する場合に、課題となる点のひとつに伝送容量の問題がある。伝送容量が最大のメディアは BS デジタル放送であり、そのひとつのトランスポンダから送出されるビットレートは最大で 51 メガビット/秒ある。これに対して、CATV の 1 チャンネルを 64QAM で変調した際に可能なビットレートは 31.6 メガビット/秒程度であり、マッチングがとれないことになる。次の課題は、CATV 施設が、CS 放送のチャンネルなどを有料の自主放送として流す場合に使用してきた CA システムをそのままデジタル放送の再送信に流用するか、あるいは、BS 放送のみならず、110 度 CS 放送などメディアワイドに使用される B-CAS を用いる方向に転換するかの選択である。この課題は EPG の送信についても同様である。

　これらを勘案して考えられた方法に、次の3つの CATV 伝送方式がある。そのひとつは、**パススルー方式**といわれるものであり、周波数はケーブルで伝送可能な周波数に変換するが、それ以外は放送電波そのものに手を加えずに再送信するものである。地上デジタル放送の場合は、チャンネル幅には変更がなく、

このパススルー方式で再送信することに問題はないが、BS デジタル放送や 110 度 CS 放送では、混信を避けて 1 トランスポンダ分の情報をミッドバンドなどで伝送するには、約 45 メガヘルツの広い帯域を必要とするので、6 メガヘルツの 1 チャンネルを基本にする CATV には、馴染みが悪いものである。ただ、視聴者にとっては、ケーブル端に周波数を BS-IF 周波数まで上昇させるアップコンバータがあればよく、安価に受信ができる利点はある。

　第 2 の方法は、**トランスモジュレーション**（trans-modulation）方式と呼ばれるものである。BS デジタル放送および 110 度 CS 放送では、ハイビジョンの放送が可能な 2 局分とデータ専門局などの複数のトランスポート・ストリーム（TS）が 1 本のトランスポンダに収められているが、これらの全体を CATV のチャンネルに移すことは、前述のごとく困難である。トランスモジュレーションは、図 8.8 に示すように、これらの TS を 2 分割して、2 つの CATV チャンネルを用いてデジタル伝送しようというものである。この場合の CATV チャンネルの変調に 64QAM を用いた場合、その伝送速度は 1 チャンネルあたり 30 メガビット/秒強である。一方、衛星のトランスポンダの伝送容量のうち、ハイビジョン 1 局分の伝送量は最大でも 24 メガビット/秒前後であるから、デジタル CATV 伝送の 1 チャンネルで、ハイビジョン 1 局の TS と同時に、データや

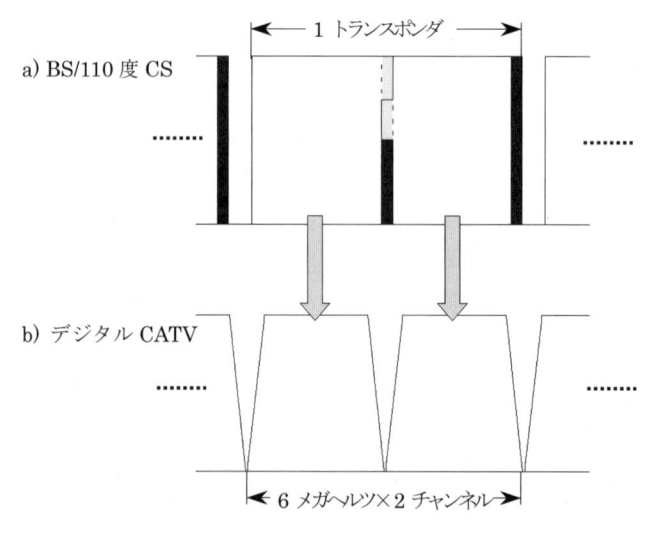

図 8.8　トランスモジュレーション方式

音声などの小さな TS の伝送も可能である。

　このようにトランスモジュレーション方式では、1 ハイビジョン局の TS を含む複数の TS を、再変調して送信することができる。この方式は、EPG、CAS などの付帯した情報も同時に送信できるため、BS などの直接受信の場合と同一のサービスを享受することができ、利便性の点で極めて優れたものである。この場合、スカイパーフェク TV を除いた衛星放送で使用される CAS である B-CAS も EPG もそのままの形で、CATV 伝送に流用できることになるので、CATV 施設の手間は省ける。B-CAS は CATV 伝送を含む各種のメディアで使用することが合意されているので、問題があるとすれば、CAS や EPG などに関して、CATV 施設の独自性が失われることだけである。

　第 3 の方法は、**リマックス**（remux）方式といわれる、TS を少なくとも PES パケットレベルまで分解して、CATV 施設独自の CAS や EPG に付け替えるなどして、再多重し、再変調を行い伝送する方式である。この方式は、トランスモジュレーション方式に比べて CATV 施設側の手が掛かる反面、施設側の独自性が発揮できる方式であり、大規模の CATV 施設に適したものである。

　以上をまとめれば、BS および 110 度 CS デジタル放送の再送信には、トランスモジュレーション方式またはリマックス方式のいずれかが、CATV 施設の規模に応じて選択され、地上デジタル放送の場合は、せいぜいチャンネルを変える程度の変更で、そのまま再送信が可能ということになる。CATV 伝送方式の標準化に関しては、受信機の共用化とも密接に関わり合う事柄であり、総務省所属のケーブルラボや日本 CATV 技術協会などの関係機関の間で協議が続けられている。

付　　録

付録 1　BS デジタル放送の委託放送事業者一覧
　　　　　　　　　　　　　　　（2000 年 12 月放送開始時点）

付録 2　110 度 CS 放送の委託放送事業者とプラットフォーム一覧
　　　　　　　　　　　　　　　　　　　　　　　　　（暫定）

付録 3　主要地上デジタル放送局チャンネル表
　　　　　　　　　　　　　（2004 年 4 月　現在）

付録 4　デジタル放送規格一覧表

付録1　BSデジタル放送の委託放送事業者一覧(2000年12月放送開始時点)

トランスポンダ番号	委託放送事業者名	割当スロット数		サービスID
1 (11.72748 ギガヘルツ)	BS朝日	テレビ 音声 データ	(22.5)	ch151～153 ch455,456 ch755
	BS-i	テレビ 音声 データ	(22.5)	ch161～163 ch461,462 ch766
	デジタルキャスト・インターナショナル	データ	(1.5)	ch933～935
	TiVi963（日本メディアアーク）	データ	(1.5)	ch963
3 (11.76584 ギガヘルツ)	WOWOW	テレビ 音声 データ	(22.5)	ch191～193 ch491,492 ch791
	BSジャパン	テレビ 音声 データ	(22.5)	ch171～173 ch471,472 ch777
	セントギガ	音声 データ	(0.25) (0.25)	ch333 ch633,636
	BSC（ビー・エス・コミュニケーションズ）	音声	(0.5)	ch300,301
	BS955（メディアサーブ）	データ	(1.5)	ch955
	BSディジタル放送推進協会	データ	(0.5)	
5,7,9,11	アナログBS放送			
13 (11.95764 ギガヘルツ)	BS日テレ	テレビ 音声 データ	(22.5)	ch141～143 ch444,455 ch744～746
	BSフジ　（ニッポン放送・文化放送系）	テレビ 音声 データ	(22.5)	ch181～183 ch488,489 ―
	NDBデータ（日本データ放送）	データ	(1.5)	ch940
	ウェザーニュース	データ	(1.5)	ch910
15 (11.99600 ギガヘルツ)	NHKデジタルHDTV総合	テレビ	(22.0)	ch103～105
	NHK BS2	データ	(8.0)	ch102
	NHK BS1		(6.0)	ch101
	スターチャンネルBS	テレビ データ	(6.0)	ch200 ch800
	ミュージックバード	音声	(1.0)	ch316～319
	ジェイエフエヌ衛星放送	音声	(1.0)	ch320～323
	ch999（日本ビーエス放送）	データ	(2.0)	ch999
	メガポート放送	データ	(2.0)	ch900

付録

付録2　110度CS放送の委託放送事業者とプラットフォーム一覧（暫定）

トランスポンダ番号	委託放送事業者名	割当スロット数		プラットフォーム
ND 2 (12.291ギガヘルツ)	スペーステリア 　　　（三菱商事・東京FM）	テレビ 音声	(12) (12)	プラット・ワン
	日本ビーエス放送（ビックカメラ）	データ	(12)	
	日本メディアアーク（時事通信・共同通信）	データ	(12)	
ND 4 (12.331ギガヘルツ)	マルチチャンネルエンターテイメント	テレビ	(36)	スカイパーフェクTV
	シーエス九州（岩崎産業・鹿児島テレビ）	テレビ	(12)	
ND 6 (12.411ギガヘルツ)	シーエス映画放送（イマジカ・東映など）	テレビ	(24)	スカイパーフェクTV
	ハリウッドムービーズ（伊藤忠・東北新社）	テレビ	(24)	
ND8 (12.451ギガヘルツ)	イー・ポート・チャンネル 　　　　　　　（松下・東芝）	テレビ データ	(12) (12)	プラット・ワン
	メガポート放送（毎日・角川など）	データ	(12)	
ND10 (12.451ギガヘルツ)	CSプロジェクト（WOWOW・富士通）	テレビ	(48)	プラット・ワン
ND12 (12.491ギガヘルツ)	CS110 　　　（日立・テレ朝・凸版など）	テレビ データ	(37.5) (10.5)	スカイパーフェクTV
ND14 (12.531ギガヘルツ)	アクティブ・スポーツ・ブロードキャスティング 　　　（スカイパーフェクTV系）	テレビ	(48)	スカイパーフェクTV
ND16 (12.571ギガヘルツ)	阪急電鉄　　　（日生・三和・住友）	テレビ	(12)	プラット・ワン
	CS-NOW　　　（PCCWジャパンなど）	テレビ	(12)	
ND18 (12.611ギガヘルツ)	インタラクTV インタラクTV （ジュピターテレコム・日経・ソニー）	テレビ データ	(60) (12)	プラット・ワン
ND20 (12.651ギガヘルツ)	サテライト・サービス （フジテレビ・産経・住商など）	テレビ	(48)	スカイパーフェクTV
ND22 (12.691ギガヘルツ)	C-TBS （東京放送・三井物産・リクルートなど）	テレビ データ	(42) (6)	スカイパーフェクTV
ND24 (12.731ギガヘルツ)	シーエス日本 　　　（日テレ・読売・帝京大など）	テレビ データ	(45) (3)	プラット・ワン

スカイパーフェクTVとプラット・ワンは2004年に合併した

付録3　主要地上デジタル放送局チャンネル表（1）北海道

札幌
13 15(12 3)
19 21 23 25 14
(1　5　35 27 17)

岩内/黒松内
/ニセコ
13 15
19 21 23 25 14

小樽
29 31
32 33 20 22 30

余市
29 31
18 41 43 51 16

芦別
13 15
19 21 20 22 14

歌志内
38 42
44 46 48 50 40

夕張清水沢
45 47
32 41 43 49 30

銀山郡
24 28
34 36 20 22 26

函館
14 18(10 4)
17 15 23 25 19
(6　12 35 27 21)

江差
13 31
29 16 20 37 33

北檜山
42 45
44 43 23 25 46

奥尻大成
14 18
17 15 41 47 19

大沼
42 40
44 30 32 38 46

渡島福島
42 45
44 30 32 38 40

松前
14 18
17 15 20 21 19

内浦湾
18

稚内
20 44
16 32 42 18 33

留萌
46 44
48 32 42 34 30

知駒
13 15
19 36 14 34 17

枝幸/羽幌
20 28
16 18 22 24 26

礼文
27 31
29 23 35 25 21

小平/苫前
13 15
19 23 14 25 21

室蘭
16 24 (2 9)
22 31 20 33 26
(11 7　39 37 29)

室蘭輪西/鷲別
32 36
34 28 38 30 40

室蘭母恋/幌別
13 15
室蘭知利別/登別
13 21
15 25 17 27 23

苫小牧
43 24
41 45 38 40 42

旭川
13 15 (2 9)
19 23 14 25 21
(11 7　39 37 33)

名寄
20 28
29 32 22 31 30

和寒
18 38
16 36 35 34 17

上川
20 31
29 32 22 24 30

深川
41 31
45 51 43 49 47

富良野
20 28
16 18 22 24 26

上富良野
48 31
29 32 50 49 30

上士別
13 15
19 23 14 25 21

帯広
13 15 (12 4)
19 21 23 25 17
(6　10 34 32 26)

陸別
13 15
19 21 23 25 17

足寄/広尾
14 16
20 22 24 26 18

浦河
13 18
15 28 14 30 19

静内
32 50
41 31 20 33 42

振内
16 18
34 28 36 30 26

北見
13 18(12 3)
22 16 20 24 14
(1　5　35 27 31)

新北見/紋別
23 30
32 29 31 33 25

滝上
13 18
22 16 20 24 14

遠軽
23 30
32 29 31 33 25

丸瀬布
42 45
47 44 46 48 43

釧路
29 33 (2 9)
45 31 36 43 47
(11 7　39 41 43)

中標津
56 53
28 30 34 37 32

根室/羅臼
29 33
45 31 27 43 35

標茶
13 16
22 14 18 20 24

［凡例］　上段：**NHK**教育(左)　**NHK**総合(右)、下段：民放、（　）：アナログチャンネル

付録

主要地上デジタル放送局チャンネル表 (2) 東北地区、新潟

山形
13 14 (4 8)
16 18 20 22
(10 38 36 30)
鶴岡
32 34
16 18 20 27
新庄
15 17
19 21 23 33
小国
25 27
31 38 33 45
米沢
24 28
32 34 37 40
西白鷹
27 29
31 33 35 39
温海
22 25
16 18 20 14

秋田
13 15 (2 9)
17 21 29
(11 37 31)
花輪
23 25
27 29 31
能代
53 42
44 46 40
大館
14 15
17 18 20
本庄
41 43
45 47 49
大曲
19 23
25 26 33
湯沢
14 16
18 20 22
鷹ノ巣
22 24
26 39 43

青森
13 16 (5 3)
28 30 32
(1 38 34)
大鰐
40 36
20 19 18
大戸瀬
18 24
26 25 36
風合瀬
13 16
28 30 32
深浦
18 19
26 25 36
上北
21 23
26 25 36
八戸/
三戸南部
14 20
22 18 24

田子
35 39
47 45 49
白糠
16 26
28 30 32
むつ/
47 42
43 45 41

盛岡
13 14 (8 4)
16 18 20 22
(6 35 33 31)
釜石
13 14
16 18 20 22
宮古/
普代田野畑
13 14
15 17 16 18
二戸
21 23
15 17 50 19
大船渡
28 14
16 18 20 22
大槌新山
23 25
27 29 47 52

久慈
13 32
25 35 46 48
陸前高田
21 24
47 17 45 19
一関/室根
55 57
15 27 29 43
遠野
21 24
15 17 19 30
岩泉
21 23
25 24 20 22
野田
31 33
25 35 46 48

仙台
13 17 (5 3)
19 21 24 28
(1 12 34 32)
気仙沼
13 15
23 25 27 30
志津川
26 22
18 20 14 16
栗駒
30 26
22 16 18 20
白石
16 18
22 23 30 20
湧谷
14 17
19 21 24 28

新潟
13 15 (12 8)
17 19 26 23
(5 35 29 21)
大和
14 16
18 34 36 38
小出
20 22
24 28 30 32
津南
14 16
18 24 25 31
津南上郷
14 16
18 24 25 22
湯沢
13 15
17 19 26 23
相川
22 24
28 30 32 34
三川/津川
25 27
39 43 45 49
鹿瀬
13 15
17 19 26 23

新潟西/高田
14 16
18 25 31 39
新井/妙高高原
42 43
44 45 47 49
糸魚川
14 16
18 24 25 31
糸魚川大野
14 16
18 24 25 31

福島
14 15 (2 9)
25 27 29 26
(11 33 35 31)
滝根
37 41
42 46 47 44
いわき
13 16
21 17 28 26

富岡
33 16
18 22 35 20
原町
14 15
25 27 29 26
白河
13 16
18 17 19 20
水石
14 15
25 27 29 24

塙
13 30
18 17 19 20
飯舘
23 16
18 22 36 20
会津若松/東只見
14 16
18 22 30 20
東金山
49 45
25 27 28 24
田島/柳津三島
13 15
25 27 29 26

[凡例] 上段:NHK教育(左) NHK総合(右)、下段:民放、( ):アナログチャンネル

主要地上デジタル放送局チャンネル表（3）関東地区、山梨、長野

前橋
39 37 (50 52)
19 33 36 42 43 45 28
(48 54 56 58 60 62 40)

沼田/下仁田/桐生
26 37
19 25 22 21 24 23

大田
34

大田金山
19

甲府
23 21 (3 1)
25 27(5 37)

富士吉田
23 21
25 27

身延
28 26
22 24

長野
13 17 (9 2)
16 15 14 18
(11 38 30 20)

飯田阿智/上松/
山ノ内/南木曽/
富士見/八千穂/
天竜平岡
13 17
16 15 14 18
20

善光寺平/
信州新町
32 28
36 34 22 24

松本
32 28
23 26 22 24

大町
54 52
51 56 53 41

飯山
27 25
51 49 47 33

信濃阿南
47 45
37 34 29 32

白馬/遠山
27 25
23 26 22 24

伊那
27 28
23 26 22 24

浦和
- 13
32(38)

児玉/秩父
26 13
32 25 22 21 24 23

真田
27 25
23 49 48 46

川上
39 37
51 49 35 53

岡谷諏訪
57 55
51 49 53 41

四賀会田
27 25
33 49 35 41

佐久
27 50
51 49 22 21

牟礼
27 31
37 41 39 33

戸倉上山田
27 25
23 29 35 33

宇都宮
39 47 (27 29)
29 34 15 35 17 18
(31 25 23 21 19 17)

今市
26 47
29 25 22 21 24 23

足利
26 46
29 25 22 21 24 23

矢板
39 47
29 19 15 35 17 18

葛生
29

飯田
48 46
36 49 35 33

木曽福島
32 28
57 26 55 24

戸隠陣場平
27 25
23 26 35 33

南牧
27 25
23 29 31 33

倉本
34 27
23 50 48 52

浪合平谷
31 25
37 26 29 24

水戸
13 20 (50 52)
- 14 15 19 17 18
(34 42 40 38 36 32)

日立
13 20
- 14 15 19 17 18

十王
39 47
- 38 41 35 44 46

山方
26 20
- 34 22 21 24 23

常陸鹿島
26 20
- 25 22 21 24 23

筑波
49
（注：県域民放局なし）

東京
26 27 (3 1)
20 25 22 21 24 23 28
(14 4 6 8 10 12 16)

新島
26 27
20 25 22 21 24 23

八丈
38 40
41 30 32 34 37 39

多摩
26 27
- 25 22 21 24 23

大島
26 27
30 25 22 21 24 23

八王子
20

青梅
20

千葉
- 34
30(46)

銚子/勝浦/小見川/
館山/佐原/下総光/
大多喜/君津
26 34
30 25 22 21 24 23

東金
26 34
29 25 22 21 24 23

横浜
- 19
18(42)

平塚/小田原/
横浜みなと
26 19
18 25 22 21 24 23

［凡例］ 上段：**NHK**教育(左) **NHK**総合(右)、下段：民放、放送大学(斜体)、（ ）：アナログ

付録

主要地上デジタル放送局チャンネル表（4）北陸地区、東海地区、近畿地区

神戸	京都	福井	尾口	金沢
22(28)	*25(32)*	*21 19 (3 9)*	*20 19*	*13 15(8 4)*
26 (36)	23(34)	20 22	27 28 21 22	14 16 17 23
神戸S	亀岡/舞鶴/宮津/	(11 39)	上中	(6 37 33 25)
13	福知山/峰山	美浜/敦賀	*34 32*	羽咋
16 15 17 14	*13 25*	*27 24*	35 33	*31 29*
神戸兵庫/姫路/	23 16 15 17 14	28 26	大聖寺	21 38 36 26
北淡垂水/香住/		大野	*34 24*	能登鹿島
城崎/篠山/竜野/	大阪	*43 41*	27 38 36 26	*18 24*
福崎/和田山/氷上	*13 24 (12 2)*	44 42	三国	27 28 32 22
西宮山口/相生	18 16 15 17 14	小浜	*27 29*	富山
神戸灘/赤穂/南淡	(19 4 6 8 10)	*36 29*	28 31	*24 27(10 3)*
13 22	枚方/箕面	47 31		28 18 22
26 16 15 17 14	27			(1 34 32)
三木				福光
13 22				*30 39*
16 15 17 14				29 20 21
八鹿				宇奈月
13 22				*54 48*
北阪神				46 50 53
22				
26				岐阜
淡路三原				*13 29 (9 39)*
13 22				30(37)
26	奈良			中津川
	31(51)			*31 24*
	29(55)			32 16 15 14 17
	栃原			土岐南/高山/下呂/
	13 26			郡上八幡/岐阜長良
	22 16 15 17 14			*31 29*
	生駒奈良北			30 16 15 14 17
	31			坂下/付知
	大津	名古屋		*13 24*
和歌山	*26(28)*	*13 20 (9 3)*		32 18 21 22 19
23(32)	20(30)	23 18 21 22 19		中濃
20(30)	大津S	(25 5 1 11 35)		*13 24*
和歌山S	*13*	豊橋/田原/二川		32 18 21 22 17
13	- 16 15 17 14	*24 29*		静岡
16 15 17 14	彦根	26 16 15 14 17		*13 20 (2 9)*
新宮/海南/串本/	*48 31*	津	桑名	15 17 18 19
有田吉備/那賀/	29 37 33 39 27	*44 28 (9 31)*	*32*	(11 35 33 31)
有田箕島	甲賀	27(33)	27	富士宮/御殿場
13 23	*13 31*	伊勢	鳥羽	*14 24*
20 16 15 17 14	29 16 15 17 14	*13 29*	*44 28*	21 22 23 25
槇山	山東	24 16 15 17 14	27 18 21 22 19	三島
13 42	*13 26*	尾鷲	藤枝	*16 24*
24 47 15 48 14	20	*13 32*	*13 20*	21 22 23 25
御坊	北勢	31 16 15 14 17	21 22 29 36	伊豆長岡
13 21	*44 32*	熊野	秋葉	*13 20*
24 47 15 17 14	24 18 21 22 19	*33 29*	*14 16*	15 17 18 19
田辺	磯部	31 18 21 22 19	15 17 18 19	島田
13 23	*30 28*	伊賀	浜松/佐久間	*14 16*
24 47 15 17 14	27 18 21 22 19	*33 47*	*13 20*	15 17 18 19
九度山	菰野	27 18 21 48 19	21 22 23 25	熱海
13 23	*13 32*	名張	小笠	*13 33*
20	27	*33 47*	*14 16*	15 17 14 29
		27 18 21 37 19	21 22 23 25	

［凡例］上段：NHK 教育(左) NHK総合(右)、下段：民放、( )：アナログチャンネル

主要地上デジタル放送局チャンネル表 (5) 中国地区(山口除く)、四国地区

広島	黒瀬	松江	益田	鳥取	岡山
15 14(7 3)	*15 30*	*19 21(12 6)*	*20 21*	*20 29(4 3)*	*45 32(3 5)*
18 19 22 23	18 19 22 23	41 45 43	38 31 36	21 27 18 20 30
(4 12 35 31)	広島東部	(30 10 34)	33 44 38	(1 22 24)	(11 35 23 9 25)

呉/五日市/三次/
大柿/佐東/可部
15 14
18 19 22 23

西条
27 21
16 17 20 28

大崎(竹原)
15 46
18 19 22 23

安芸千代田
25 21
16 17 20 28

広島東部
尾道/福山/
因島
44 42
16 17 29 28

府中
44 38
16 17 29 28

三原
25 30
16 32 29 23

西城
44 42
16 17 20 21

浜田
37 35
31 23 22

大田/仁摩
20 24
25 27 26

掛合/川本/
仁多/西郷/
石見/大社/
大東/来島
13 14
15 17 16

横田/宍道湖
22 23
24 26 25

西/島
22 23
24 28 25

邑智
29 31
42 50 44

江津
50 56
28 32 29

木次
18 20
27 32 28

益田乙吉
20 21
31 44 38

頓原
18 20
22 24 23

津和野/
六日市
25 27
14 17 15

柿木
28 29
19 23 22

倉吉
27 29
38 31 36

米子日南
13 14
15 17 16

米子
20 26

智頭/岩美/
桜/郡家/用瀬
13 14
19 15 16

河原
30 33
57 50 52

佐治
21 23
28 25 26

中日野
18 22
23 25 24

鉢伏
13 14
23 15 16

津山
13 22
19 16 14 15 17

笠岡/総社/水島
45 32
21 27 18 20 30

高梁
31 33
19 16 14 15 17

新見
13 15
21 16 18 20 17

児島
51 32
21 47 18 15 49

哲西
34 32
31 27 28 29 30

蒜山
29 32
21 27 18 20 30

山陽/備前/鴨方
45 32

井原/北房/建部
美作加茂/和気
13 32

周匝/美作
47 49

松山
13 16(2 6)
20 27 21 17
(10 37 29 25)

城北
56 59
61 49 62 54

宇和島
13 19
20 29 21 23

大洲
14 15
31 29 35 40

南宇和
31 32
20 19 18 17

菊間/北条
13 16
20 27 21 17

大三島
13 25
20 31 21 35

吉海
13 16
20 24 21 17

川内
14 15
19 23 22 18

内子
19 16
32 27 21 25

久万
14 16
20 27 21 17

小田
39 41
47 48 50 51

美川
19 25
15 23 29 31

中山
13 24
34 33 38 28

八幡浜
39 41
57 58 61 54

新八幡浜
56 59
57 49 47 54

三瓶
33 37
38 44 42 40

宇和石城
13 15
14 29 23 17

宇和
33 30
43 44 47 53

伊予由良
28 30
34 36 35 37

津島
56 55
53 58 57 54

野村
14 15
20 31 23 17

伊予吉田
28 30
26 31 18 17

西海/城辺
深浦
28 30
24 23 21 25

新居浜/今治
39 41

川之江
22 16
47 43 49 51

高知
13 15(6 4)
17 19 21
(8 38 40)

中村/佐川
竜串/室戸
五台山
29 28
25 27 26

須崎/窪川
33 34
30 31 35

宿毛
23 15
16 24 21

安芸
33 34
16 18 20

土佐町/
伊野/大正/
虚空蔵
23 24
16 18 20

室戸岬
13 28
25 19 26

土佐清水/
中村佐岡
宿毛平田
36 34
37 41 42

高松
13 24(39 37)

前田山
15 17 21 27 18

讃岐白鳥
45 32
20 30 21 27 46

西讃岐
13 24
15 17 21 28 18

小豆島
51 38
20 30 21 27 46

北讃岐
13 24

徳島
40 34(38 3)
31(1)

日和佐/
鳴門瀬戸
40 34
31

牟岐
39 35
32

阿南/
阿波勝浦
29 27
22

阿波
28 26
22

池田/山城
13 24

西祖谷山
13 15
17

池田松尾
29 34
31

[凡例] 上段：NHK 教育(左) NHK 総合(右)、下段：民放、( )：アナログチャンネル

主要地上デジタル放送局チャンネル表 (6) 山口、九州地区、沖縄

長崎
13 15 (1 3)
14 20 19 18
(5 37 27 25)
大瀬戸/南有馬/
南串山
13 15
14 20 19 18
厳原
49 36
28 20 52 45
郷/浦
49 36
61 20 38 45

熊本
24 28 (2 9)
41 42 47 49
(11 34 22 16)
人吉
25 17
18 19 20 21
水俣
40 20
26 27 30 31
肥後小国
13 14
15 18 20 21

那覇
13 17 (12 2)
14 15 16
(10 8 28)
今帰仁/平良/
祖納/具志川
13 17
14 15 16
久米島
25 33
30 31 32
佐敷
25 36
30 31 33

佐世保
40 42
22 34 38 16
福江
40 42
24 34 38 21
諫早/島原
13 15
23 20 45 18
平戸
32 28
39 20 19 18
松浦
40 42
31 34 19 18

南阿蘇
18 20
21 23 25 27
矢部
13 15
18 20 25 27

多良間/川平
18 22
19 20 21
石垣
24 26
33 35 36
鹿児島
18 34 (5 3)
40 42 36 29
25 21 27 19
(1 38 32 30)
鹿屋
17 22
43 47 41 49
枕崎
24 22
20 37 41 39
名瀬
13 15
16 18 14 17
阿久根
13 15
25 21 14 19

佐賀
25 33 (40 38)
44 (36)
武雄/唐津
40 42
30 31 29 32 27
伊万里
40 42
30 31 29 32 27
肥前有田/
呼子
25 33
44

種子島
28 23
25 21 27 19
大口
24 22
25 21 41 19
瀬戸内
20 22
21 29 31 30
頴娃
13 15
16 35 14 45
末吉
24 23
20 21 19 26
知名
20 22
21 23 24 25

福岡
22 28 (6 3)
30 31 34 32 26
(4 1 9 37 19)
北九州/行橋
42 40
30 31 29 32 27
宗像
22 28
24 16 18 20 26
糸島
22 28
30 31 34 32 26
久留米/大牟田
13 17
30 31 29 21 26

南種子
13 15
16 18 14 17
志布志
18 23
20 21 39 45
串木野
13 15
16 21 14 19
蒲生
24 22
40 47 41 26
中之島
20 22
40 38 34 30
財部
18 37
40 42 39 29

山口
13 16 (1 9)
20 18 26
(11 38 28)
萩
58 56
42 46 47
阿東/むつみ
41 43
49 46 47
美祢/下関/
山口豊田
13 16
20 18 26
長門
58 61
42 46 47
阿東嘉年
32 34
30 22 23
豊浦
54 53
36 58 49

津久見
30 17
40 26 18
安心院
54 44
28 26 47
西日田
20 15
13 25 33
東種田
14 15
22 34 33
宮崎
13 14 (12 8)
15 16
(10 35)
延岡/日向
45 46
44 43
高千穂
17 18
19 21
飯野/真幸
28 29
30 31
串間/
串間本城
28 29
37 38

柳井/周東
32 30
27 21 17
大島
40 56
43 41 42
山口鴻ノ峯
40 37
36 34 24
光
19 29
43 41 31
須佐田万川
51 56
35 53 55
小郡
47 43
36 19 47
下松
50 49
48 47 46
豊北
54 53
36 37 49
山口東
40 38
39 41 42

大分
14 15 (12 3)
22 34 32
(5 36 24)
佐伯/臼杵
14 15
22 26 18
玖珠
23 15
22 25 42
三重
16 17
29 26 18
国東
14 15
22 47 42
中津
14 15
22 34 25
日田
20 15
16 25 33
竹田
14 15
13 25 23
蒲江
野津原/
大分東
14 15
22 34 32

[凡例] 上段：NHK 教育(左) NHK 総合(右)、下段：民放、( )：アナログチャンネル

付録4 デジタル放送規格一覧表

		BSデジタル放送/110度CS放送					地上デジタル放送	CSデジタル放送
		略称	画面比率	画素数	走査	フレーム数/秒		
画面規格	画素数	1080I	16:9	1920×1080	飛び越し	29.97		左表の 480Pおよび480I
	画面比率	720P	16:9	1280×720	順次	59.94		
	走査	480I	4:3	640×480	順次	59.94		
	毎秒フレーム数		16:9	720×480	飛び越し	29.97		
			4:3	640×480	飛び越し	29.97		
		1080P*	16:9	1920×1080	順次	59.94		
		*印は実証実験末了						
	カラリメトリ	BT-709準拠 $Y = 0.2126R+0.7152G+0.0722B$ $P_R = 0.6350(R-Y)$ $P_B = 0.5389(B-Y)$						BT-601準拠 $Y = 0.299R+0.687G+0.114B$ $C_R = 0.713(R-Y)$ $C_B = 0.564(B-Y)$
情報源符号化	画像符号化	MPEG-2ビデオ						MPEG-2 BC (ISO/IEC13818-3)
	音声符号化	MPEG-2 AAC (ISO/IEC13818-7) 5チャンネル+LFE						—
	データ符号化	BML, ECMAスクリプト						
	多重化方式	MPEG-2およびDVBパケットシステム						
暗号化	コンテンツ暗号	MULTI-2						
	CAS暗号	B-CAS						任意方式

付録

		BSデジタル放送/110度CS放送	地上デジタル放送	CSデジタル放送
伝送路符号化	伝送制御信号	TMCC		―
	誤り訂正外符号	リード・ソロモン符号：RS (204,188)		
	スペクトラム拡散	PN雑音生成多項式：$x^{15}+x^{14}+1$		
	スロットセグメント	48スロットトランスポンダ	13セグメント/チャンネル	―
	フレーム構成	スーパーフレーム：8フレーム フレーム：203バイト×48	OFDMフレーム： 204シンボル×n_C（注1）	フレーム：204バイト×12
	バイトインターリーブ	深さ I=8		I=12
	時間インターリーブ	―	ビット単位、深さ I=32,16,8,0	―
	周波数/セグメント	―	セグメント内、外（注2） 搬送波ランダマイズ	―
	誤り訂正 外符号	パンクチャド畳み込み符号 (1/2, 2/3, 3/4, 5/6, 6/7, 7/8)		
	変調	8PSKの場合：トレリス(2/3) TC8PSK, QPSK, BPSK	64QAM, 16QAM, QPSK, DBPSK	QPSK
OFDM			搬送波数 (n_C) / 周波数間隔 (キロヘルツ) / 有効シンボル長 (マイクロ秒) / ガード期間長 (マイクロ秒)	
			モード1: 帯域幅 5.575 / 1405 / 3.968 / 252	有効シンボル長の 1/4, 1/8, 1/16, 1/32
			モード2: 5.573 / 2809 / 1.984 / 504	
			モード3: 5.572 / 5516 / 0.992 / 1008	
	最大情報伝送容量	約51メガビット/秒	約23.2メガビット/秒	約34メガビット/秒

注1) n_Cは1セグメント内の搬送波数を表す。
注2) 1セグメントのみを使用するサービスの場合、セグメント間インターリーブは適用されない。

参 考 文 献

[第 1 章]
- 総務省ホームページ：http://www.joho.soumu.go.jp/pressrelease/japanese/housou/991222j701.html
- B-CAS ホームページ：http://www.b-cas.co.jp/
- サンアンテナホームページ：http://www.sun-ele.co.jp/explain/cs/cs-f.html
- NHK ホームページ：http://strle3k.strl.nhk.or.jp/open97/ex/z106/, http://www.nhk.or.jp/res/tvres1/h10900.htm
- NHK 総合技術研究所：技研公開講演・研究発表予稿集，平成 11 年度,平成 13 年度

[第 2 章]
- 小泉寿男：マルチメディア概論，産業図書（1997）
- 清水勉：デジタル放送開始における情報符号化方式 2-1 映像符号化方式,映像情報メディア学会誌, Vol.53, No.1（1999）
- 村上仁己：ビデオデータ圧縮，テレビジョン学会誌, Vol.49, No.4（1995）
- K.Yamada, M.Kojima：A New Architecture of RISC Processor for MPEG-2, SNPD '01 学会発表（2001）

[第 3 章]
- 松尾憲一：デジタル放送技術，東京電機大学出版局（1997）
- 山田宰：デジタル変復調技術(1)，テレビジョン学会誌, Vol.48, No.7（1994）
- 河内正孝：デジタル放送開始に向けた最新動向,映像情報メディア学会誌, Vol.53, No.1（1999）
- NHK 総合技術研究所：技研公開講演・研究発表予稿集，平成 11 年度
- 総務省ホームページ：http://www.joho.soumu.go.jp/whatsnew/digital-broad/committee_report2000apr.html#ref1

[第 4 章]
- 井上徹：信号の誤り訂正技術，テレビジョン学会誌, Vol.48, No.5（1994）
- ETSI：EN300 421 v1.12 Digital Video Broadcasting Framing structure, channel coding and modulation for 11/12 GHz satellite services（1997）
- 松村肇：BS デジタル放送の方式と設備 3-1 伝送路符号化方式, 映像情報メディア学会

誌, Vol.52, No.11（1998）
- 佐々木誠：地上ディジタル放送方式の開発動向 4-1 伝送方式, 映像情報メディア学会誌, Vol.52, No.11（1998）

[第5章]
- 杉山昭彦：音響信号の高能率符号化, テレビジョン学会誌, Vol.48, No.4（1994）
- 杉山昭彦：オーディオ符号化, テレビジョン学会誌, Vol.49, No.4（1995）
- ISO/IEC JTC1/SC29/WG11 : CODING OF MOVING PICTURES AND ASSOCIATED AUDIO（1994）
- ISO/JTC1/SC29/WG11 : Information Technology-Very Low Audio-Visual Coding（1998）
- ETSI : TR101 211 v.1.4.1, Digital Video Broadcasting Guidelines on implementation And usage of Service Information（SI）（2000）
- 小泉寿男：マルチメディア概論, 産業図書（1997）

[第6章]
- Philips Semiconductors : 1394 Product Line 1394 Tutorial
- Hitachi, Intel, Matsushita, Sony, Toshiba : 5C Digital Transmission Content Protection White Paper（1998）
- 渡辺龍生：XMLハンドブック, ソフトバンクパブリッシング（2001）
- ARIB ホームページ：http://www.arib.or.jp/kikakugaiyou/arib_std-b24.html
- W3C ホームページ：http://lists.w3.org/Archives/Public/www-tv/1999OctDec/att-0031/01-BML-BXML-Abst2.htm
- 高田　豊：わかりやすい暗号学－セキュリティを護るために－, 米田出版（2000）

[第7章][第8章]
- ISO/IEC 13818-1：Information technology – Generic coding of moving pictures and associated audio information: Systems (1996)
- 藤原洋：最新 MPEG 教科書, アスキー（1994）
- ARIB STD-B10, B20, B21, B24, B25：社団法人電波産業会
- ARIB TR-B15 1.1 版 ：社団法人電波産業会
- Matsushita Technical Journal 第 44 巻 第 1 号（平成 10 年 2 月）：松下電器産業株式会社

事項索引

π/4 シフト DQPSK　*58*

AAC　*113*
AKE　*136*
AM 変調　*52*
ASK　*53*
ATVEF　*139*

B-CAS　*8,131*
BIT　*158*
BML　*138,141,161*
BS-IF　*185*
BST-OFDM　*69,73*
BS アナログ放送　*7*
BS デジタル放送　*6,9,15,159,166*
BS 放送　*2*
B ピクチャー　*46*

CA　*3,130*
CAS　*130,164*
CAT　*157*
CATV 伝送方式　*187*
CA システム　*130*
C-CBC モード　*137*
CCI　*135*
CGMS　*135*
COFDM　*65*
CPTWG　*135*
CRC　*156*

CSS　*142*
CS アナログ放送　*4*
CS デジタル放送　*4,149,166*
CS 放送　*4,6*

DBPSK　*57*
DCT　*35*
DDB　*162*
DeMUX 処理　*176*
DII　*163*
DPSK　*57*
DSM-CC データカルーセル伝送方式　*161*
DTCP　*135*
DTS　*155,183*
DVB　*5,22*
D 端子　*133*

ECDSA　*136*
ECM　*130,165,175*
ECMA　*142*
EIT　*158*
EMI　*136*
EMM　*9,130,165,175*
EPG　*6,9,173,184*
ES　*127,150*
ETSI　*22,90*

FDM　*62*
FFT　*38,72*

事項索引

FM変調 *53*

HDTV *27*
HTML *139*
http *138*

ICカード *8,164*
IDCT *40*
IEEE *132*
IFFT *72*
ISDB *9,68*
ISDB-S *9,19*
ISDB-T *19*
I軸 *60*
Iピクチャー *45*

JPEG *35*

LCプロファイル *123*
LFE *123*

M6 *137*
MAC *22*
MDCT *115*
MFN *70*
MHEG-5 *141*
MHP *139*
MP@ML *49*
MPEG *19,27,34*
MPEG規格 *31*
MPEG-1 *31*
MPEG-2 *31,47,48,49,149*
MPEG-2 AAC *113,115,120*
MPEG-2 BC *124*

NIT *157*

OFDM *19,23,62,66,167,169*
OFDMフレーム *110*
OSD処理 *178*

PAT *157,179*
PCM *112*
PCR *153,182*
PE *120*
PES *127,153*
PESパケット *150*
PID *151*
PLL *57,183*
PMT *157,180*
PPV *164*
PS *127,149*
PSI *128,157*
PSK変調 *56*
PTS *154,183*
Pピクチャー *45*

QAM *60*
QPSK *54*
QPSK変調器 *56*
Q軸 *60*

SCR *183*
SDT *158*
SDTT *161*
SFN *16,69*
SGML *141*
SI *128,157*
SI集配信センター *160*
SSL *140*

SSR プロファイル　*123*
STC　*181*

TDT　*158*
TMCC　*54*
TNS　*120*
TOT　*158*
TS　*126,147,149*
TS パケット　*150*

UDTV　*15*

VLC　*44*

XHTML　*141*
XML　*141,161*

ア　行

アタック　*115*
アダプテーション・フィールド　*126,150,153*
アダプテーション・フィールド制御　*152*
アップリンク設備　*167*
アップリンクセンター　*148*
アナ・アナ変換　*18*
アナログ衛星放送　*2*
アナログ放送　*16,76*
誤り訂正符号　*76,91*

イソクロナス転送　*132*
委託放送事業者　*3,12*
1ワード訂正　*83*
インターリーブ　*99,100*
インターリーブの深さ　*102*
インターレース　*29*

インターレース走査　*28*
インテンシティ・ステレオ　*120*

ウインドウ関数　*115*
右旋偏波　*2,11*
内符号　*91*

エクスクルーシブ OR　*77*
エネルギー拡散　*99*
エレメンタリー・ストリーム　*150*
エンコード　*177*
エントロピ符号　*44*
円偏波　*2*

オルタネート走査　*43*

カ　行

ガード期間　*67*
可逆圧縮　*113*
カスタマーID　*8*
画素ブロック　*34,40*
各局 SI　*159*
可変長符号　*44*
画面　*26*
画面規格　*29*
カルーセル伝送　*162*
ガロア体　*78*
完全認証　*136*
管理用メッセージ　*130*

基底画像パターン　*36*
輝度信号　*26*
キャリヤー変調　*105*
キャリヤー・ローテーション　*108*

事項索引

グレイ符号　*55*

元　*78*
原始元　*78*
限定受信　*3,130,147,164,173*

公開鍵暗号　*136*
高速デジタル・インタフェース　*173*
高速フーリエ変換　*38,72*
高能率符号化　*30*
交流係数　*44*
ゴースト　*20*
コピープロテクション　*134*
コンスタレーション表示　*56*
コンディショナル・アクセス　*3,130*

サ 行

サーバー型放送　*12*
左旋偏波　*2,11*
差分画像　*45,47*

時間インターリーブ　*106*
色差信号　*29*
ジグザグ走査　*43*
時分割多重　*150*
重低音強調　*123*
周波数インターリーブ　*107*
周波数スペクトラム　*64*
周波数分割多重　*62*
受信機　*172*
受信機内蔵テレビ　*172*
受信処理　*147*
受託放送事業者　*3,12*
順次走査　*27*
瞬時ノイズ形成　*120*

ジョイント・ステレオ　*120*
乗算検波　*60*
情報源符号化　*50*
シンタックス指示　*155*
シンボル　*52*
シンボル期間　*63*
心理聴覚エントロピ　*120*

垂直偏波　*2*
水平偏波　*2*
スーパーフレーム　*102*
スクランブル　*3,164*
スクランブル鍵　*131,165,175*
スクランブル制御　*151*
スケールファクタ・バンド　*122*
スタッフィング・バイト　*153*
ストリーム　*126*
スライス　*34*

制御用メッセージ　*130*
制限付き認証　*136*
セクション形式　*155*
セクション番号　*156*
セグメント間周波数インターリーブ　*107*
セグメント内インターリーブ　*108*
絶対可聴しきい値　*113*
全局 SI　*159*
選局　*172,178*

送信処理　*146*
双方向通信　*173*
組織符号　*96*
外符号　*91*
外符号インターリーブ　*102*

タ 行

体　78
タイムスタンプ　126,182
ダウンロード機能　15,173
楕円曲線暗号　136
タグ　141
多重像妨害　20
畳み込み符号　92,96
単一周波数ネットワーク　16,69
単体受信機　172

チェックバイト　77
チェックビット　77
チェックワード　81
地上デジタル放送　16,72,166,168
チューナーモジュール　174
直接受信　185
直線偏波　2
直流係数　44
直交位相変調　54
直交周波数分割多重　19,62,167
直交変調　60

通信衛星放送　4

提示　173,177
データカルーセル伝送　162
データセグメント　105
データ放送　137,161,163
テーブルID　155
デコード　173,177
デジタル放送　76,146,172
デスクランブル　175
デッフィー・ヘルマンの交換鍵　136

電子署名　136
電子透かし　137
電子番組案内　6,9
伝送路符号化方式　166

同期検波　60
同期再生　181,183
同期信号　181
同期バイト　151
統合デジタル放送　9,68
等時転送　132
独立系データ放送　163
飛び越し走査　28
トランスポート・ストリーム　126,147,
　149
トランスポート・ストリーム・パケット
　150
トランスポンダ　2,178
トランスモジュレーション方式　188
トレリス線図　94

ナ 行

二次元ハフマン符号テーブル　44
2ワード訂正　85

ハ 行

バージョン番号　156
排他的論理和　77
バイトインターリーブ　102
ハイパーテキスト伝送プロトコル　138
ハイパーテキスト・マークアップ言語
　139
ハイビジョン　27
パケット　124
パケット伝送　124

事項索引

パススルー方式　187
パターンマッチング　47
バタフライ演算　40
8VSB　52
パディング・バイト　155
ハフマン符号化　44,122
ハミング距離　95
パンクチャド符号　98
番組供給業者　4
搬送波　52

ビーエス・コンディショナルアクセス・システムズ　8
非組織符号　97
ビタビ復号法　96
ビットインターリーブ　104
非同期転送　133
110度CS放送　10,161,186
表示プレーン　178

フィールド　29
フィルタリング　176
フーリエ変換　31
フェーズ・ロックド・ループ　57
フェーズ・シフト・キーイング　53
フェーディング　100
不可逆圧縮　113
復号　48,177
復号化　177
復号化率　96
復調　59
符号化　146,177
プラットフォーム　4
プリエコー　115
フレーム　28

不連続表示　153
プログラム・ストリーム　149
プログレッシブ　29
プログレッシブ走査　27
ブロック誤り訂正符号　81,92
プロファイル　34,48
分散パイロット信号　73

ペイ・パー・ビュー　134,164
ペイロード　125,153
ヘッダ　125
変調　52
変調波　52

放送衛星　2
放送規格　19

マ　行

マークアップ言語　141
マスカー　114
マスキング効果　114
マスター鍵　130,166
マッピング　105
マンション共聴　185
メインプロファイル　48,123
モジューロ演算　79

ヤ　行

有効シンボル期間　67

予測画像　36,45
予約機能　184

ラ 行

ラウドネス曲線　113
ランダマイズ　108

リード・ソロモン符号　76,81,90
離散コサイン逆変換　40
離散コサイン変換　35,37
離散コサイン変換係数　42
離散フーリエ変換　34
リターンパス　140
リマックス方式　189

量子化　27,112,122
量子化ノイズ　112,120

レベル　34,48
連接符号　91
連続性指標　153
連続パイロット信号　73
連動系データ放送　163

ワ 行

ワーク鍵　130,166

〈著者略歴〉

高田　豊

1961年九州大学工学部通信工学科卒業、1961年三菱電機株式会社入社、1981年同社京都製作所ビデオ技術部長、1991年同社京都製作所ハイビジョン開発部長、1993年同社映像システム開発研究所副所長、1995年同社AV統括事業部技師長などを経て定年退職。1998－2000年株式会社ディレク・ティービー。
著書に「メディアの融合」産業図書（共著）、「わかりやすい暗号学」米田出版などがある。

浅見　聡

1992年東京大学大学院工学科精密機械工学修士課程修了、1992年大日本印刷株式会社入社、1995年より株式会社ディレク・ティービーに出向、同社技術部にて、主として受信機、SI/EPG関連技術を担当し、開局に携わる。2000年株式会社テレビ朝日入社、BS朝日技術局技術部に所属し、BSデジタル放送の開局に関わる。

デジタルテレビ技術入門

2001年12月14日　　初　版
2008年　6月20日　　第4刷

著　者　―――――　高　田　　　豊
　　　　　　　　　　浅　見　　　聡
発行者　―――――　米　田　忠　史
発行所　―――――　米　田　出　版
　　　　　　　　　〒272-0103　千葉県市川市本行徳31-5
　　　　　　　　　電話　047-356-8594
発売所　―――――　産業図書株式会社
　　　　　　　　　〒102-0072　東京都千代田区飯田橋2-11-3
　　　　　　　　　電話　03-3261-7821

© Yutaka Takata
　 Satoshi Asami　2001

中央印刷・山崎製本所

ISBN978-4-946553-11-0　C3055